Barbara Schneider

Frauen auf Augenhöhe

Was sie nach oben bringt und was nicht

Bibliografische Information der Deutschen Nationalbibliothek

Die Deutsche Nationalbibliothek verzeichnet diese Publikation in der
Deutschen Nationalbibliografie; detaillierte bibliografische Daten sind
im Internet über http://dnb.d-nb.de abrufbar.

ISBN 978-3-86936-427-8

Lektorat: Susanne von Ahn, Hasloh
Umschlaggestaltung: Martin Zech, Bremen | www.martinzech.de
Umschlagzeichnung: Isabel Große Holtforth | www.isabelgrosseholtforth.de
Satz und Layout: Das Herstellungsbüro, Hamburg |
www.buch-herstellungsbuero.de
Druck und Bindung: Salzland Druck, Staßfurt

www.gabal-verlag.de
www.facebook.com/Gabalbuecher
www.twitter.com/gabalbuecher

Vorwort

Die Frage, warum es Frauen in Deutschland nicht an die Spitze der Wirtschaft schaffen, beschäftigt mich seit Mitte der 1990er Jahre. Zum einen konnte ich bei der Besetzung von Vakanzen immer wieder aus nächster Nähe beobachten, wie potenzielle Kandidatinnen auf der Zielgeraden noch von männlichen Kollegen abgefangen wurden. Zum anderen wurde ich zu »Frauen in Führungspositionen« seit jener Zeit immer wieder von den Medien befragt, sodass ich mich über den Tellerrand der konkreten Besetzungen hinaus mit dem Thema auseinandergesetzt habe.

Meine Position war lange, dass es nur eine Frage der Zeit sei, bis weibliche Führungskräfte auch ganz oben ankommen würden – also in den Dax-Vorständen, den Aufsichtsräten großer Gesellschaften und den Führungsgremien der führenden Familienunternehmen. Denn da müssen Frauen hin. Meine Argumentation beruhte darauf, dass es genügend ausgezeichnet ausgebildete Frauen gibt und diese zunehmend auch die Motivation zeigten, sich bis nach ganz oben durchzubeißen. Viele Frauen bewiesen ja täglich auf ihren Stellen exzellente Leistungen, die sich von denen männlicher Manager nicht unterschieden. Warum also sollten sie nicht bald oben ankommen? Die kulturellen Barrieren, so glaubte ich, würden mit der Zeit aufweichen. Die nachrückende Managergeneration denke nicht mehr im Mann-Frau-Schema. Dazu kämen die überbordenden Diskussionen, Absichtserklärungen der Unternehmen und politischen Drohungen mit der Frauenquote. Da muss sich doch etwas tun!

Nur eine Frage der Zeit?

Die Fakten sprechen leider eine andere Sprache. Zumindest an der Spitze hat sich wenig verändert. Wir zählten Ende 2011 lediglich sieben weibliche Dax-Vorstände. Bei 190 Dax-Vorstandspositionen ist dies eine magere Quote von weniger als 4 Prozent – eine im internationalen Vergleich beschämend niedrige Zahl. Die Tatsache, dass vier der sieben Frauen im Jahr 2011 und zwei im Jahr 2010 ihren Job angetreten haben, kann als Lichtblick gewertet werden. Immerhin ließ sich die Anzahl weiblicher Dax-Vorstände in den vergangenen Jahrzehnten regelmäßig mit den Ziffern 0 oder 1 messen. Auf den zweiten Blick offenbart sich jedoch, dass vier der sechs neu Berufenen das Ressort Personal bekleiden. Seit Anfang 2012 kommen drei weitere designierte Personalchefinnen hinzu. Als Durchbruch oder Einstieg in eine neue Zeitrechnung beim Thema Gender-Diversity lässt sich die Handvoll Besetzungen aber gewiss nicht feiern.

Jährlich werden rund 40 Dax-Positionen neu besetzt. Es hätte auch im abgelaufenen Jahr die Möglichkeit bestanden, deutlich mehr Frauen in die Vorstände der wichtigsten deutschen Unternehmen zu berufen. 2011 war also wieder einmal ein (fast) verlorenes Jahr, um mehr Frauen in Toppositionen zu installieren. Auch die großen deutschen Familienunternehmen sind nicht wirklich besser als die Dax-Welt. Allenfalls in den Dax-Aufsichtsräten zeigte sich 2011 die Neigung, mehr Frauen zu berufen.

Weibliche Lebensläufe sind oft bunter
Warum läuft die Sache so zäh? Woran liegt es, dass Frauen weiterhin in operativen Spitzenpositionen keine echte Chance bekommen? Meine Beobachtungen gehen dahin, dass vielerorts schlicht der Mut fehlt, eine Frau mit weit reichender Verantwortung in einem Spitzenjob zu installieren. Auch, weil die bisherigen Karrieren der besten Frauen nicht so stringent und geradlinig verlaufen sind wie die Berufslaufbahnen konkurrierender Männer. Es gibt in den Karrieren der Frauen häufig mehr Brüche, Pausen und Umwege. Von vielschichtigen, bunteren Lebensläufen, wie sie für weibliche Führungskräfte durchaus üblich sind, werden die Unternehmen profitieren. Während wir in Deutschland noch bei der Berufung jeder neuen Personalchefin ein »Oh« und »Ah« hören, leben

uns andere Länder eine weitaus fortschrittlichere Praxis vor. In den USA beispielsweise wurden bei IBM, PepsiCo, Hewlett Packard oder Ebay bedeutende CEO-Positionen mit Frauen besetzt. Auch in Norwegen, wo inzwischen 40 Prozent der Stellen in den Aufsichtsräten mit Frauen besetzt sind, gab es bislang keine sichtbaren Verwerfungen. In Deutschland muss mithin ein Paradigmenwechsel vollzogen werden, damit die vorhandenen qualifizierten Frauen eine Chance erhalten. Es geht um den Kern von Diversity, nämlich durch Vielfalt des Denkens und Handelns besser vorbereitet zu sein auf die komplexeren Anforderungen des globalisierten Wettbewerbs. Hierzu leistet Dr. Barbara Schneider mit ihrem Buch einen wichtigen Beitrag, nicht nur für Frauen mit Führungsambitionen, sondern für eine gesunde Entwicklung unserer Wirtschaft insgesamt.

Dr. Christine Stimpel

Dr. Christine Stimpel ist Deutschland-Chefin der weltweit führenden Personalberatung Heidrick & Struggles.

Inhalt

Einleitung

Was unterscheidet Finanzkrisen von Frauen in Führungspositionen? Von Ersteren gibt es weltweit zu viele, von Letzteren zu wenige. Besteht da ein Zusammenhang?

»Mit Frauen an den Bankenspitzen wäre es nie so weit gekommen.« Das Zitat der damaligen Vorsitzenden der Britischen Labour-Partei und Frauenministerin, Harriet Harmann, ging um die Welt, als 2007/2008 die Finanz- und Wirtschaftskrise ausbrach. Schnell schien der globale Super-GAU überwunden und an den Börsen herrschte wieder Business as usual. Zu früh gefreut. Erst mussten die Banken gerettet werden, dann Unternehmen und jetzt ganze Staaten. Dass Deutschland dabei noch relativ glimpflich aus dem Schlamassel herausgekommen ist, lässt sich kaum leugnen, genauso wenig wie die Tatsache, dass hierzulande eine Frau das Zepter in der Hand hält, auch wenn an Angela Merkels Führungsstil gerne herumgemäkelt wird. Und Island? Die kleine Atlantikinsel stand am Rande eines Staatsbankrotts. Seit Premierministerin Jóhanna Sigurðardóttir am Ruder ist, hat sie sich einigermaßen erholt.

Zwei Einzelfälle, werden die Weltökonomen jetzt einwenden. Daraus kann man keine Kausalität ableiten. Das will ich auch nicht. Ich kenne den Unterschied zwischen Korrelation und Kausalität. Ein simples Beispiel: Wenn die Sonne lacht, tragen viele Menschen Sonnenbrillen. Bei schlechtem Wetter können noch so viele Menschen mit Sonnenbrillen herumlaufen, die Sonne bleibt unbeeindruckt. Machen Sie gerne das Experiment, über Facebook lässt sich das sicherlich leicht organisieren.

Dann sind da natürlich noch Studien wie beispielsweise die viel zitierte *Women matter* von McKinsey: Unternehmen mit mehr als drei Frauen im Vorstand sollen eine bis zu 48 Prozent höhere Eigenkapitalrendite erwirtschaften. Wenn das nicht ein Pfund ist. Um es auf den Punkt zu bringen: Studien weisen eine positive Korrelation zwischen Frauen an der Unternehmensspitze und der Rendite auf. Der einfache Umkehrschluss oder eine Kausalität wie »*Mit mehr als drei Frauen an der Spitze steigt automatisch die Rendite*« lässt sich damit nicht belegen. Genauso wenig wie die schlichte Schlussfolgerung: Zu viele Männer sind schlecht fürs Geschäft. Wenn es so einfach wäre …

Die Hürde für Frauen ist nicht das Reinkommen, die Hürde ist das Hochkommen

Einfach ist es nicht, das haben wir in den vergangenen drei Jahrzehnten erlebt. Als Anfang der Neunziger meine Karriere in Schwung kam, hätte ich nicht im Traum daran gedacht, dass wir uns zwanzig Jahre später überhaupt noch mit dem Thema Frauen – oder besser: immer noch (!) zu wenige Frauen – in Führungspositionen beschäftigen würden. Damals standen nahezu alle Zeichen auf Durchbruch. Heute wissen wir längst: Aus Einstieg lässt sich nicht automatisch Aufstieg ableiten. Die Hürde für Frauen ist nicht das Reinkommen, die Hürde ist das Hochkommen.

Das ist kein rein deutsches Phänomen. Auch wenn Frauen in den USA die weltweit besten Chancen auf einen Vorstandssessel haben, heißt dort die nüchterne Feststellung: »*We are far away from parity on boards*« (Marie Wilson, Präsidentin der *Ms. Foundation for Women* und Initiatorin von »Take Our Daughters to Work-Day«). Und das trotz massiver Förderprogramme und immensem öffentlichen Druck auf Unternehmen, Frauen in Führungspositionen zu berufen.

Der Weg ist steinig und der Schritt ins Topmanagement für Frauen nach wie vor der schwierigste. Dieses Buch und die Autorin nehmen nicht für sich in Anspruch, die einzig mögliche und vielleicht noch dazu einfache Antwort oder die wahren Gründe zu liefern. Die kann es in dieser sowohl komplexen wie individuellen Angelegenheit auch gar nicht geben. Vielmehr will dieses Buch die Thematik aus verschiedenen Blickwinkeln beleuchten, Anregungen und Praxiserfahrungen zeigen. In diesem Sinne ist das Buch, das Sie in der Hand halten, kein Ratgeber, sondern ein *Opinion Book*. Wenn Sie – Frauen, Männer, Managerinnen, Manager, Unternehmerinnen und Unternehmer – daraus den einen oder anderen Anstoß für Ihren Alltag finden und umsetzen, umso besser.

Was treibt Unternehmen und vor allem Unternehmens-lenker, die sich das – zurzeit todschicke – Thema »Frauen in Führungspositionen« auf die Agenda geschrieben haben und es generalstabsmäßig verfolgen? Allen voran den Chef der Deutschen Telekom AG, René Obermann, und seinen Nicht-mehr-Personalvorstand Thomas Sattelberger, die mit ihrem Frauen-Masterplan bis Ende 2015 dreißig Prozent der mittleren und oberen Führungspositionen im Unternehmen mit Frauen besetzen wollen. Endlich ein Mann, nein, sogar zwei Männer, die die Sache in die Hand nehmen.

Bequem ist das Bekenntnis für mehr Frauen nicht

Denn es ist längst nicht egal, wer was sagt in Unternehmen.

Tone from the Top

GUTER GEDANKE:

> » *Wir haben die Beharrungskraft eingefahrener Mentalitäten und etablierter Netzwerke in der Vergangenheit unterschätzt.* «
> **RENÉ OBERMANN** [1*], Vorstandschef der Deutschen Telekom AG

> » *Ich bin überzeugt, Frauen allein können das nicht schaffen. Veränderung können nur die Mächtigen herbeiführen.* «
> **THOMAS SATTELBERGER** [2], Ex-Personalvorstand Deutsche Telekom AG

Zwei Männer, die mit der Forderung nach der Frauenquote eine Lawine losgetreten haben, auch auf die Gefahr hin, sich bei den eigenen Geschlechtsgenossen lächerlich oder unbeliebt zu machen und den Organisationsfrieden aufs Spiel zu setzen.

---

* Quellenhinweise für dieses und alle weiteren Zitate, soweit nicht anders gekennzeichnet, siehe Anmerkungen und Literaturverzeichnis.

Ganz gleich, wie man zur Quote steht, mutig ist das, und ob frauen-
förderliche Unternehmensführung den Marktwert eines CEOs steigert oder schmälert, sei dahingestellt. Wird nicht schon genug darauf
geguckt, ob eine Entscheidung Vor- oder Nachteile für die eigene Karriere mit sich bringt? Wird nicht viel zu oft gefragt »Was ist gut für
mich?« statt »Was ist gut fürs Unternehmen?«?

Gut gemischte
Topmanagement-Teams
statt Closed Shop

Wer jetzt wieder unkt: War doch klar, am Ende müssen
es die Männer richten, weil Frauen das jahrzehntelang
nicht hingekriegt haben, faul oder feige sind, soll sich
bitte die Fakten ansehen: 97 Prozent der Topentscheider
in der deutschen Wirtschaft sind Männer. Apropos Faulheit, Feigheit
oder Dämlichkeit. Dass Frauen so etwas anderen Frauen vorwer-
fen, finde ich fürchterlich. Bei der Faktenlage liegt es doch auf der
Hand, dass in erster Line dieser Herrenclub die tradierten Strukturen
und die gefährliche Gruppenbildung aufbrechen und die Türen für
Frauen öffnen muss. Und nicht nur einen Spalt, sondern jetzt bitte
den Durchgang zum Boardroom weit aufreißen, gut durchlüften und
Frauen im Topmanagement mitmischen lassen. Aus der geschlossenen Gesellschaft eine gut gemischte machen. Es gab schließlich noch
nie so viel weibliches Führungspotenzial und -personal wie heute.
Das Argument »Frauen wollen nicht« zieht nun wirklich nicht mehr.
Auch die neueste Ausrede, »Wir hätten ja so gerne mehr Frauen in
der Führung, aber wir finden keine«, klingt fad. Vielleicht liegt es an
der Brille, mit der gesucht wird.

Gute Chancen
für Frauen

Bedeutet »besser« im Job eigentlich immer gleich mehr Gewinn oder Rendite? Muss es immer höher, weiter, schneller
sein? Vor der Ernennung der Ebay-Gründerin Meg Whitman
zur neuen Vorstandschefin von HP wurde in den USA öffentlich diskutiert, ob sie die richtigen Erfahrungen mitbringe. Nicht weil sie
eine Frau ist. Nein, weil ihr zwar zugetraut wurde, kleine Unternehmen groß zu machen, aber ob sie einen großen Konzern noch größer
machen kann, daran hatte *Corporate America* seine Zweifel. Am Tag
ihrer Ernennung zur Konzernchefin zog der Aktienkurs von HP sofort an, die Aktionäre trauen ihr einiges zu.

Zudem sei die Frage erlaubt, wieso Frauen nun wieder gleich mehr leisten und erfolgreicher sein müssen, wenn sie auf den Chefsessel wollen oder sollen. Ist männliches Normalmaß zu wenig? Weibliche Führungskräfte sind keine Wunderwaffe, aber vielleicht ein Gewinn für alle Beteiligten. Wie das gelingt, wie Frauen sich aufstiegsfähig machen, darum geht es in diesem Buch. Dafür habe ich mit Frauen und Männern gesprochen, mit gestandenen Leadern genauso wie mit jungen Führungskräften, mit Müttern und Familienvätern, mit Praktikern und Experten, denen ich an dieser Stelle nochmals herzlich für ihre Inspirationen danken möchte. Einige ließ das Thema kalt, andere konterten mit dem Allzweckslogan »TINA« (»*There is no alternative*«) – »alternativlos« erlebt gerade sein großes politisches Revival. Maggie Thatcher lässt grüßen. Und die stellte schon früh fest: »*Wenn Sie in der Politik etwas gesagt haben wollen, wenden Sie sich an einen Mann. Wenn Sie etwas getan haben wollen, wenden Sie sich an eine Frau.*«

Lassen Sie sich inspirieren von vielfältigen Ansichten und zahlreichen Praxisideen für Ihren eigenen Weg. Den zu gehen lohnt sich allemal.

Legen Sie los!

Ihre
Barbara Schneider

Hamburg, im Sommer 2012

1. Nützliche Fakten und nackte Tatsachen

Verfolgt man Medien und Meinungen, dann stehen weibliche Führungskräfte ganz oben auf der Wunschliste von Unternehmen. Die Realität: Sie liegen beim Anteil von Vorstandsposten in Deutschland nicht nur hinter Skandinavien und Frankreich, sondern auch hinter China, Russland, Brasilien (DIW Berlin 2011).

Das Leben – und erst recht das Wirtschaftsleben – ist nun einmal ein permanentes Vergleichen, im Managementjargon: *Benchmarking*. Überall in den Unternehmen herrscht der globale Messwahn, entstehen Kennzahlen und Indexe. Davon können Sie, liebe Leserinnen und Leser, sicherlich auch ein Lied singen. Man will besser sein als die Konkurrenz, schneller oder zumindest billiger.

Natürlich gibt es längst einen Gender-Index, der die Chancengleichheit von Frauen und Männern in Ihrer Region misst. Probieren Sie es aus unter: www.gender-index.de und messen und bewerten Sie nach Herzenslust. Denn dafür sind Zahlen ja da, damit wir endlich das Unfassbare fassen, neue Standards und Ziele setzen können. »*What gets measured, gets done*«, predigen die Berater. Zahlen müssen her, damit wir tätig werden. Also wird in der Unternehmenswelt ständig noch eins draufgesetzt, nur beim Wirtschaftsfaktor »Frau« scheint die mickrige Platzierung bisher für wenige Ansporn zu sein. Sonst hätte doch aus gut fünfundzwanzig Jahren Frauenförderung mehr rauskommen müssen. Bei den Gleichstellungsbeauftragen oder Gender-Mainstreamern ist das Wort »Förderung« natürlich verpönt, suggeriert es doch, dass Frauen besonders gefördert werden müssten. So hieß es früher

Frauenkarrieren zwischen Förderung und Female Factor

nun einmal und in den Unternehmen, in denen ich tätig war, standen Frauenseminare auf dem Programm. Das hielt man damals für nötig und für Fortschritt. Heute klingt das anders:»Female Excellence Program« oder»Women in Leadership Training« – sonst würden Frauen wohl einen großen Bogen darum machen.

Frauen führen (noch) nicht überall

Ja, die Sache zieht sich, und das seit mehr als zwei Jahrzehnten. Mittlerweile scheint man, was meistens Mann heißt, sich aber einig zu sein:»Wir können auf weibliche Führungs- und Managementtalente nicht verzichten.« Tut es aber ungeniert, und das am liebsten *ganz oben*. Das kennen wir alle: Zwischen Wissen und Tun liegt der verdammte und bekannte himmelweite Unterschied. Das ist in Unternehmen nicht anders, auch dort wird nicht an allen Stellen richtig priorisiert und konsequent umgesetzt. Schließlich haben wir alle an genug Themen zu knabbern. Da kann der Traum vom»gemischten« Topteam schon auf der Strecke bleiben.

Historischer Höchststand an Führungsfrauen

Mut zum Mitmachen

Man kann sich der Nörglerfraktion anschließen, die das Glas grundsätzlich halb leer sieht, und darüber lamentieren, dass alles so schwierig sei und sich in den letzten zehn Jahren rein gar nichts verändert hätte. Wir sollten die Kirche im Dorf lassen. Denn es stimmt weder, noch ist es hilfreich, einer in den Startlöchern stehenden Generation ein Gesellschafts- und Geschäftsbild aufzumalen, das eher abschreckt als ermutigt. Gerade der jungen Frauengeneration sollten wir Mut zum Mitmachen im Management machen. Denn diese Frauen scheinen sich mittlerweile eher zu sorgen, ob sie die vielen Förderprogramme, die Unternehmen und Universitäten bereits anbieten, überhaupt annehmen sollen, weil sie befürchten, dadurch negativ aufzufallen. So das Ergebnis einer Studie zu den Wünschen und Bedürfnissen junger Akademikerinnen der Hochschule für angewandte Wissenschaften in Ingolstadt aus dem Jahr 2011.

Es liegt sicherlich eine Gefahr darin, mit einer Überdosis an Karrieretrainings und Mentoringprogrammen dem Mangel an Frauen im Management beikommen zu wollen. Zudem gilt hier, was bei allen Kursen und Trainings gilt: Sie können wertvolle Impulse liefern, jedoch den Willen, die Leidenschaft, die Ausdauer für ein Amt in der Topetage – oder was immer angestrebt wird – nicht ersetzen.

Zurück zu den Zahlen: Frauen haben in den letzten **Die gute Nachricht** Jahrzehnten enorm an Qualifikation aufgeholt und sich ihren Platz in Wirtschaft, Wissenschaft und Politik erobert. Noch nie gab es so viel weibliches Führungspersonal und -potenzial in der Pipeline wie heute und es ist weiter stetig am Heranwachsen. Fakt ist, dass gegenwärtig mehr Frauen als Männer von den Hochschulen kommen, oftmals sogar mit den besseren Abschlüssen. Oder wie mir ein alter Hase und früherer Topmanager gestand: »*Ich bin froh, dass ich gegen die nicht mehr konkurrieren muss.*«

An der Unternehmensspitze von Großunternehmen sind **Die schlechte Nachricht** Frauen nach wie vor dünn gesät. Ganze zwölf Frauen spielen zurzeit in der ersten Liga der deutschen Wirtschaft und besetzen einen Dax-Vorstandsposten (Details dazu siehe unter »Fakten & Forschung« auf Seite 27). Zwölf von rund 190 Vorstandsressorts, verteilt auf zehn Konzerne: Allianz SE (Dr. Helga Jung), BASF SE (Margret Suckale), BMW AG (Milagros Caiña-Andree) Daimler AG (Dr. Christine Hohmann-Dennhardt), Deutsche Lufthansa (Simone Menne), Deutsche Post DHL (Angela Titzrath), Deutsche Telekom AG (Dr. Claudia Nemat, Prof. Dr. Marion Schick), E.ON AG (Regine Stachelhaus), Henkel AG (Kathrin Menges), Siemens AG (Brigitte Ederer, Barbara Kux). Firmen, an deren Spitze jahrzehntelang nur Männer standen, öffnen die oberste Chefetage für Frauen, andere werden folgen, keine Frage.

Zwei Hände voll sind nicht viel, aber immerhin ein Anfang und historischer Höchststand in diesem wichtigen Wirtschaftssegment. Auch wenn wir manchmal so tun, als hätten wir den Tiefpunkt bei Führungsfrauen erreicht.

Die Zahlen sprechen eine deutliche Sprache: Wenn es
um die Verteilung von Toppositionen geht, bleiben Frauen meistens auf der Strecke und Männer weitgehend unter sich – vor allem in den ganz großen Unternehmen. Die Anteile sind ausbaufähig, das lässt sich nicht von der Hand weisen. Die etwas uncharmante Anmerkung zum Alter der zehn muss an dieser Stelle erlaubt sein: Fast jede dieser Pionierfrauen ist im auch unter Männern verbreiteten Vorstandsalter um die fünfzig – alle haben eine ziemlich lange Berufslaufbahn hinter sich. Professor Hagen Lindstädt, Leiter des Instituts für Unternehmensführung (Universität Karlsruhe), hat die Lebensläufe der 28 Frauen, die Ende 2010 im Vorstand der größten deutschen Unternehmen saßen, untersucht: Im Durchschnitt bringen es die Damen auf 20 Jahre Berufserfahrung.

Auch wenn wir immer wieder von Shootingstars und Senkrechtstartern hören und lesen, in der Regel dauert es, bis man in eine solche Rolle hineinwächst: Erst ein paar Jahre Team- oder Gruppenleitung, dann Abteilungsleitung, Bereichsleitung, wechselnde Geschäftsbereiche und wachsende Umsatz- und Mitarbeiterzahlen, Auslandseinsätze, ein Werk in Brasilien aufgebaut, einen erfolgreichen Markteintritt in Osteuropa hingelegt, Restrukturierungserfahrungen gesammelt, Mannschaften immer wieder neu formiert und motiviert, auf der Rednerbühne eine gute Figur gemacht und so weiter. Bei der Besetzung von Leitungspositionen geht es neben der persönlichen Passung auch um den richtigen Erfahrungsmix, den jemand mitbringt, und darum, wie rollensicher jemand auftritt. *Past Performance* gilt im Management immer noch als wichtigster Vorhersageindikator. Dazu das berühmte Quäntchen Glück, zur rechten Zeit am rechten Ort zu sein. Und dann zuzugreifen, wenn sich die Chance bietet.

Wer jetzt denkt, das ist wieder so ein deutsches Ding, dass der Lebenslauf stimmen muss, der muss sich nur die Laufbahn von Virginia Rometty (54) anschauen, die Anfang 2012 beim US-Giganten IBM als erste Frau an die Konzernspitze rückte: Seit 1981 ist sie dabei, stieg ein als Systemtechnikerin, stieg auf zur weltweiten Verkaufsleiterin, hat die Integration von PwC Consulting gestemmt, eine der größten Akquisitionen in der Geschichte der Firma, und diverse Geschäftsbereiche geleitet. Hat sich nebenbei noch im *Women's Executive Council* von IBM engagiert und auf zig Veranstaltungen und Konferenzen auf der Bühne referiert und persönliche Präsenz gezeigt.

Ja, der Weg ist lang und steinig und die Arbeit wird immer verantwortungsbeladener. Manchmal geht es besser voran, manchmal schleppender. Blitzkarrieren bis in die höchsten Ebenen sind selten – auch bei Männern. Mit ein paar Jahren ist es nicht getan, planen Sie lieber Karrierejahrzehnte ein. Vorstandspositionen lassen sich nicht aus dem Führungsnachwuchskreis rekrutieren. Man kann nicht oben einsteigen, man muss unten anfangen und sich durch diverse Karriereschichten hocharbeiten, bis dann das Auswahlgremium hoffentlich die durch Altkanzler Schmidt berühmt gewordenen drei Worte ausruft: »*Er kann es.*« Und in naher Zukunft hoffentlich häufiger: »*Sie kann es.*«

Wer an die Spitze will, muss den ganzen Berg besteigen. Daran führt kein Weg vorbei. Und wenn Frauen – oder auch Männer – nicht auf den Berg wollen, das körperliche oder mentale Durchhaltevermögen nicht besitzen, die Strapazen nicht auf sich nehmen mögen, sich auf halber Strecke umentscheiden und ins Basislager zurückkehren, hochklettern und feststellen, dass ihnen die dünne Luft dort nicht bekommt, ihnen mittlere Höhen mehr Spaß machen oder Berge sie schlichtweg nicht interessieren: Was ist so schlimm daran, wenn man sich zu Bergen nicht hingezogen fühlt? Soll man Menschen hinauftragen? Ich meine: Nein. Kann man sie hinauftragen? Nochmals: Nein. Auch der beste Bergführer braucht Leute, die hinauf wollen, die nach jeder Etappe ihre Aufstiegsambitionen klar äußern und weitermachen wollen.

Auf den Berg muss man wollen

Was passiert stattdessen? Es wird viel Zeit und Geld darin investiert, den Aufstieg angenehmer zu machen, das Rüstzeug zu verbessern, das Training zu intensivieren, den Berg mittels kostspieliger Werbekampagne attraktiver zu machen. *Employer Branding* mit Frauen ist en vogue. Der Industriekonzern Evonik beispielsweise wirbt mit dem Slogan: »*Frauen stehen bei uns alle Türen offen. Die vom Herren-WC mal ausgenommen.*« Wer denkt sich so etwas aus? Und vor allem, wer segnet so etwas ab? Gemischte Teams? Mag sein, dass solche großformatigen Kampagnen Agenturen und Verlage freuen, Frauen und Mitarbeiterinnen auch? Vieles davon kommt eine Nummer zu großspurig daher. Nach außen etwas zu versprechen, was man intern nicht halten kann, hat sich schon immer als Schuss in den Ofen entpuppt.

Berg- und Talfahrt auf dem Weg nach oben

Sie können natürlich noch den Bergführer auswechseln. Und wenn alles nichts hilft, muss man eben manchmal den Berg zum Propheten tragen. Dagegen ist prinzipiell nichts einzuwenden. Trotzdem mag die Frage erlaubt sein: Wozu? Um ganz nette Gespräche zu führen mit der Personalentwicklung, dem Betriebsrat, den Medien oder Politikern? Um die weibliche Belegschaft zu beruhigen? Oder die weibliche Kundschaft? Oder das eigene Gewissen? Nur tut sich danach meistens nichts. Oder weil Gender Ihnen wichtig ist – auch im Sinne von guter Governance –, weil Sie wirklich überzeugt sind (und nicht nur irgendwo gelesen haben), dass mehr Frauen auf der Bergspitze etwas bringen?

Meine Herren, liebe Leser, seien Sie ehrlich, zumindest zu sich selbst! Möchten Sie an der Spitze, an Ihrem Topteam etwas verändern? Oder gehören Sie zu denen, die denken, es habe doch so immer funktioniert, Frauen seien das größere Leadership-Risiko? Egal, wo Sie genickt haben, weiterlesen! Es ist ein alter Hut: Wer etwas ändern will, muss etwas anders machen. Und das ist anstrengend. Mit Veränderungen verhält es sich wie mit den meisten Karriereverläufen: Glatt gehen die wenigsten, größtenteils sind sie eine Berg- und Talfahrt.

Noch ein abschließendes Wort zum beliebten Berg-Bild. Oben angekommen, soll man angeblich in einen Glücksrausch verfallen. Der Abstieg danach, ein Klacks. Im Handumdrehen ist man wieder unten. Das ist der Unterschied zum Karrieregipfel. Einmal an die Spitze gelangt, geht die Arbeit weiter. Hier endet das Bild vom Bergsteigen.

Den Platz an der Spitze erklimmt ja niemand, um gleich wieder abzusteigen (wobei sich mit der richtigen Abfindungssumme irgendwohin abzusetzen immer beliebter wird), sondern um sich dort zu behaupten. Möglicherweise ist Extrembergsteigen bei Topleuten deswegen so beliebt. So lässt sich endlich wieder ein Erfolgsrausch verspüren, den dableiben nicht zu bewirken vermag.

Zwei Geschichten aus dem Leben gegriffen:
♦ Der erfolgreiche Unternehmer, der seine Lebensstory erzählt, beendet seine Rede mit den Worten: »*Auf dem Gipfel weht ein kalter Wind. Wer den nicht verträgt, hat da nichts zu suchen.*«

♦ Meine Freundin Maja, nachdem sie einen sogenannten Damen-Gipfel, der immerhin gut 4000 Meter misst, erklommen hatte, über ihr Gipfelerlebnis: »*Das absolute Wahnsinnsfeeling, aber von nun an kann ich unten bleiben.*«

Wer auf der Karrierereise nicht immer wieder denkt »Das ist mein Ding«, sollte sich andere berufliche »Hobbys« zulegen.

Unter Alphatieren wird allenfalls vom Ausstieg geträumt – im Geheimen, versteht sich. In ihrem Buch *Top Dreams* hat Betty Zucker Topmanager nach ihren Träumen gefragt. Sie träumen von der K2-Besteigung (Berge scheinen in der Tat eine große Rolle zu spielen bei Spitzenleuten) genauso wie vom Bücherschreiben und den ewigen Aussteigertraum: »*Ich träume davon, zu mir selbst ehrlich zu sein. Nicht mehr den Wunsch nach mehr haben, raus aus der Spirale nach mehr, nach oben.*«

Wirft man einen Blick auf die Vorstandsbereiche, scheint das Ressort *Human Resources (HR)* eine Renaissance zu erfahren, nachdem es eine Zeit lang als eigenständiges Vorstandsressort von der Bildfläche fast verschwunden war und vom CEO oder CFO mitbetrieben wurde. (Hatte der Untergang des Bereichs eigentlich etwas mit dem in die Geschichte eingegangenen ehemaligen Toppersonaler Peter Hartz zu tun? Na, egal, das ist Schnee

Pionierfrauen im Personalvorstand

von gestern.) Früher galt die Personalabteilung eher als Sackgasse für die weibliche Karriere. Und jetzt: Oberstes *People Management* als neues Karrieresprungbrett für Frauen?

Bevorzugen Frauen Sackgassen und Männer Sprungbretter? Aus dieser Entwicklung abzuleiten, Frauen bevorzugten berufliche Sackgassen, Männer Sprungbretter, wäre wohl zu einfach, auch wenn es eine gute Schlagzeile abgibt. Auch unter männlichen Führungskräften im Personalwesen (es soll ja noch welche geben, trotz der Verweiblichung des Bereichs) kommt es selten vor, dass sie woandershin wechseln, ihnen der Sprung in andere Entscheidungsfunktionen oder gar an die Unternehmensspitze gelingt. Und die Chancen, sich innerhalb HR zu entwickeln und aufzusteigen, sinken. Aus dem Mund männlicher Personaler klingt es mancherorts bereits mutlos: »Der Karriereweg Personalvorstand ist doch dicht für Männer, da hat man nur noch als Frau Chancen.«

Beginnt für Männer jetzt die Saure-Gurken-Zeit? Manche machen sogar die Frauen dafür verantwortlich, dass die Macht des Bereichs zusammengebrochen ist, denn schon seit Längerem gilt das Personalressort als ein Sammelbecken aus weichen Themen wie Familie, Gesundheit, Frauen. Alles schön mit »Management« garniert, damit es besser klingt. Gestaltungsspielraum gibt es dort kaum noch, deshalb – so die gängige Meinung – ist der Bereich für Männer nicht mehr attraktiv. Sie gehen in die Linie, wo entschieden und umgesetzt wird. Nur muss man das in der Regel rechtzeitig – sprich im Studium – entscheiden. Und dann gibt es da ja noch Neigungen. Und denen nachzugehen, muss ja wohl erlaubt sein.

Kindisch – der Kampf um Wunschkandidatinnen Auch wenn man sich eigentlich über jede Frau im Topmanagement der Dax-Konzerne freuen sollte, regte sich im Herbst 2011 erster Unmut, als mit Kathrin Menges die fünfte Spitzenpersonalerin berufen wurde. Birgit Kerstens vom Deutschen Juristinnenbund wird in der Financial Times Deutschland mit den Worten zitiert: »*Natürlich begrüßen wir jede Frau, die in den Vorstand eines Dax-Unternehmens einzieht. Aber* *wir würden uns wünschen, dass Frauen auch einmal andere Funktionen als die des Personalvorstands übernehmen.«* Beim nächsten Mal kein weiches Ressort wie Personal, das wäre schon schön. Als ob Human Resources ein ruhiger Hafen wäre. Noch schöner wäre: Statt meckern vielleicht selber machen. Aber bitte nicht Personal und auch nicht Recht, sondern die ganz große Verantwortung für das operative Geschäft übernehmen. Viel Vergnügen! Geschmacklos die Zeile der Süddeutschen Zeitung zur Besetzung von Spitzengremien: »*Nicht nur Witwen an die Konzernspitzen.«* Gemeint waren hier unter anderem Liz Mohn und Friede Springer.

Wenn wir schon dabei sind, bitte beim nächsten Mal darauf achten, dass die Vorstandskandidatinnen nicht alle aus dem Ausland kommen. Haben bei uns Schweizerinnen, Österreicherinnen, Amerikanerinnen bessere Chancen als deutsche Frauen? Hallo? Ist jetzt auch noch die Nationalität bei der Frauenförderung entscheidend? Wir reden doch ständig vom globalen Wirtschafts- und Arbeitsmarkt. Da kommen nicht nur die Kunden aus dem Ausland, sondern auch die Konkurrenten – das gilt für Männer wie für Frauen. Umgekehrt steht deutschen Toptalenten ja auch die Welt offen.

Nun ist die Vergabe von Spitzenposten kein Wunschkonzert, sondern folgt dem Prinzip von Angebot und Nachfrage. Personal ist gerade der Bereich, in dem bis in die obersten Leitungsebenen hinein eine recht ausgewogene Gender-Balance über die Jahre gewachsen ist – die Pipeline im gesamten Hierarchiesystem gut gefüllt ist bis in die Ebene unterm Vorstand. Was Wunder, dass es hier besonders gut gelingt, geeignete Frauen mit entsprechendem Erfahrungsmix zu finden. Neulingen, Seiten- und Quereinsteigern – Männern wie Frauen – mit kaum Erfahrung auf dem zu besetzenden Gebiet einfach eine Chance zu geben, das wäre auf der Ebene hochkarätiger Entscheidungspositionen betriebswirtschaftlicher Wahnsinn. Zumindest in einem System mit gnadenlosem Zwang zum ökonomischen Erfolg, der in immer kürzeren Etappen dokumentiert werden muss.

Topfrauen wachsen nicht auf den Bäumen

Insofern sind Pionierfrauen im Personalvorstand doch
ein gutes Beispiel dafür, dass es klug ist, kontinuierlich
und konsequent einen ausgewogenen Gender-Mix auf
jeder Managementebene, in jedem Geschäftsbereich zu verfolgen.
Mehr Frauen in der Topetage erfordern von Unternehmen einen
bewussten Umgang mit weiblichen Managementtalenten und einen
systematischen Aufbau eines vielfältigen Toptalent-Pools. Zudem
spielen Human Resources bei den lauten Rufen nach Veränderung
der Führungs- und Unternehmenskultur eine tragende Rolle oder
sollten es zumindest. Da kann es nicht schaden, wenn gerade in diesem Ressort viele Frauen am Ruder sind, die wissen, was Frauen
können, brauchen, wollen. Vorausgesetzt, sie schaffen es, die Themen
mit Augenmaß anzugehen. Die Erwartungshaltung einiger Frauen,
»jetzt ist die Vorstand – ich dachte, jetzt ändert sich hier mal was
für uns«, ist abwegig. Was soll denn bitte passieren? Dass Frauen
jetzt drei Ebenen auf einmal überspringen? Dass alle Leitungspositionen in Teilzeit möglich sind? Statt gleich wieder herumzumäkeln,
dass dies und jenes nicht über Nacht verändert wird, sollten wir den
Vorstandsvorreiterinnen unsere Anerkennung entgegenbringen. Den
Frauen, die da als Erste hochgehen, denen gilt mein ganzer Respekt.
Alle Achtung!

Auf die Zehn! Die Dax-Konzerne, die freiwillig auf Frauen im obersten Führungsgremium setzen:

◆ Allianz SE: Dr. Helga Jung, Vorstand für das Versicherungsgeschäft Spanien, Portugal, Lateinamerika sowie für Strategische Beteiligungen, Fusionen und Akquisitionen, Recht und Compliance, 2012
◆ BASF SE: Margret Suckale, Vorstand Zentralbereich Personal, 2010
◆ BMW AG: Milagros Caiña-Andree, Personalvorstand, 2012
◆ Daimler AG: Dr. Christine Hohmann-Dennhardt, Vorstand Integrität & Recht, 2011
◆ Deutsche Lufthansa AG: Simone Menne, Vorstand Finanzen und Aviation Services, 2012
◆ Deutsche Post DHL: Angela Titzrath, Vorstand Personal, 2012
◆ Deutsche Telekom AG: Dr. Claudia Nemat, Vorstand Ressort Europa, 2011; Prof. Dr. Marion Schick, Vorstand Personal, 2012
◆ E.ON AG: Regine Stachelhaus, Vorstand Group Human Resource/ IT/Konzernbeschaffung, 2010
◆ Henkel AG: Kathrin Menges, Vorstand Unternehmensbereich Personal, 2011
◆ SIEMENS AG: Barbara Kux, Vorstand Supply-Chain-Management, 2008; Brigitte Ederer, Vorstand Corporate Human Resources, 2010

Hoppenstedt-Analyse, Pressemitteilung vom 10. November 2010, Auszug:

»Chefetagen deutscher Topunternehmen bleiben in Männerhand

Die Hoppenstedt-Analyse zeigt deutlich, dass sich in den vergangenen 15 Jahren einiges in deutschen Führungsriegen verändert hat. Der Frauenanteil im Management ist von mageren 8 Prozent auf heute rund 20 Prozent gestiegen. Zu begründen ist diese Tatsache aber vor allem damit, dass Frauen in kleinen und mittleren Unternehmen zunehmend in der Chefetage anzutreffen sind. Im Topmanagement der Großunternehmen mit mehr als 20 Millionen Umsatz sieht es jedoch anders aus –

hier herrscht immer noch Brachland für weibliche Führungskräfte. Zwar ist eine augenscheinliche Steigerung von ehemals 3 auf nun rund 6 Prozent zu erkennen, doch wird deutlich, dass gerade die Topunternehmen nur selten auf weibliche Führungsstärke setzen.«

Deutschlands Chefinnen – Wie Frauen es an die Unternehmensspitze schaffen, Odgers Berndtson Personalberatung, Pressemitteilung vom 22. März 2010:

»Karriereschritt ins Topmanagement am schwierigsten

Im mittleren Management großer deutscher Unternehmen sind inzwischen zunehmend mehr Frauen vertreten. Ins oberste Führungsgremium schaffen es jedoch nur vergleichsweise wenige von ihnen. So empfanden 50 Prozent der Befragten den letzten Karriereschritt ins Topmanagement als schwieriger im Vergleich zu den vorherigen. 47 Prozent der Frauen fühlten sich bei ihrem Aufstieg in die oberste Managementebene vor allem von Vorurteilen gegenüber weiblichen Führungskräften und mangelnder Chancengleichheit gebremst. Diesen Karrierehemmnissen sind Deutschlands Chefinnen vor allem mit Beharrlichkeit und herausragenden Leistungen begegnet.«

Frauen in Führungspositionen – Status quo der Deutschen Wirtschaft; Analyse organisatorischer Erfolgsfaktoren und individueller Potenziale, Universität Karlsruhe (TH), Abschlussbericht 07/2010:

»Die Analyse des privaten Bereichs ergibt, dass es für die heutigen Frauen im Aufsichtsrat und Vorstand möglich ist, Job und Familie zu vereinen. 2008 haben 64,9 Prozent der Frauen in deutschen Aufsichtsräten Kinder, 78 Prozent sind verheiratet, 67 Prozent der Frauen in deutschen Vorständen haben Kinder und 78 Prozent sind verheiratet.

Allerdings werden die Frauen, die es bis in solche Positionen schaffen, zunehmend älter, bis sie es in solche Positionen schaffen. Die Präsenz junger beziehungsweise weniger seniorer Frauen in Aufsichtsräten nahm im Laufe der letzten fünf Jahre um 11 beziehungsweise 20 Prozentpunkte ab.«

Ist Frauenförderung vernünftig?

Das Schlagwort der Stunde lautet *Diversity*. Bis vor Kurzem schlummerte es friedlich vor sich hin, jetzt ist es zum Schlachtruf deutscher Konzerne geworden. Dort hat man sich wieder einmal viel vorgenommen. In fünf bis zehn Jahren wissen wir, ob die Umsetzung funktioniert hat. Denn daran scheitern Veränderungen, an der Umsetzung, nicht an Plänen. Umfragen zufolge verfehlen rund 70 Prozent aller Veränderungsprojekte ihr Ziel. Das am Rande. Die Diversity-Erwartungen zu dämpfen, ist nicht meine Absicht, aber Diversity-Management ist nicht das Allheilmittel für den weiblichen Aufstiegsweg.

Ich will hier kein x-tes Buch über *Change-Management* hinlegen, aber noch einmal daran erinnern, dass die simple Logik »Plan erstellen – Plan verkünden – Plan umsetzen« nicht funktioniert. Was nicht wenige davon abhält, es immer wieder zu versuchen. Die Worte eines Personalmanagers klingen mir noch im Ohr: »*Jeden Tag wird eine andere Sau durchs Dorf getrieben.*« Das Umsetzungsdefizit in der Wirtschaft hat auch darin seine Wurzeln, dass zu wenig fokussiert wird.

Mit Nichtstun kommt man nicht weit, mögen sich die Frauen vernünftigerweise gedacht haben. Also haben sie es seit den Achtzigern mit Qualifikation versucht, mit Mentoring, mit Netzwerken, mit Selbstmarketingkursen und Durchsetzungsseminaren. Jetzt sind andere dran, scheint das Gebot der Stunde, allerorten wird an die Unternehmensvernunft appelliert. Die Abwesenheit von Frauen in den Führungsetagen mag man für einen Skandal halten oder für wünschenswert, wirtschaftlich verständlich ist dieser Sachverhalt jedenfalls nicht. Auch die Vorstandschefs verstehen das nicht oder nicht mehr und werden nicht müde, zu betonen, dass es bei der Frage, ob an der Führungsspitze Frauen sitzen sollen oder nicht, schon lange nicht mehr um Chancengleichheit und Gerechtigkeit geht. In Zeiten von globalem Wettbewerb und Führungskräftemangel sei es vielmehr eine schier

Ohne Gender-Glaubwürdigkeit in den Führungsgremien geht es nicht

betriebswirtschaftliche Notwendigkeit, sich die Rosinen aus dem Angebot beider Geschlechter zu sichern, sich weibliche Präsenz und Perspektive ins Unternehmen zu holen.

Aus der Frauenfrage ist längst eine Managementfrage geworden, bei der es vor allem um Wirtschaftlichkeit, Wachstum, Wettbewerb geht. Bei so viel Ein- und Weitsicht sollte man eigentlich einen regelrechten Run auf fähige Frauen erwarten. In ein paar Jahren wissen wir mehr.

GUTER GEDANKE:

> *Und der Blick auf die Demografie und den prognostizierten Fachkräftemangel macht ohnehin klar: Wir können auf das Potenzial gut ausgebildeter, führungsstarker Frauen gar nicht verzichten.*

HARTMUT OSTROWSKI[3], früherer Vorstandschef der Bertelsmann AG

> *Wir machen uns unglaubwürdig, wenn wir bei allem Klagen über den Fachkräftemangel das erhebliche Potenzial insbesondere an weiblichen Fach- und Führungskräften nicht ausschöpfen.*

EKKEHARD D. SCHULZ[4], Ex-Vorstandsvorsitzender der ThyssenKrupp AG

Geld ist das Gewinnerthema, nicht Gender

Ob Unternehmen überhaupt so vernünftig ticken, darf man durchaus infrage stellen. Selbst Herrn Ackermann, dem Nicht-mehr-Chef der Deutschen Bank mit Sinn für starke Sprüche, kamen schon Zweifel an der eigenen Vernunft der Branche. Im Interview mit dem *ZEIT-Magazin* im Mai 2007 erklärte er seine üppige Jahresgage so: »*Als ich zur Deutschen Bank kam, hatte ich zwei Millionen Mark. Wenn ich heute ein vergleichbares Gehalt hätte, würde ich jeden Respekt verlieren. Man würde sagen: ›Der hat keinen Marktwert‹ ... Aber natürlich ist das aus der Logik einer Welt gesprochen, die nicht öffentlich darstellbar ist, das ist mir auch klar.*« Geld statt Gender steigert den Marktwert eines Wirtschaftsbosses.

Ackermann setzte noch einen drauf, als er im Frühjahr 2011 über zukünftige Damen im Deutsche-Bank-Vorstand sinnierte: »*Aber ich hoffe, dass das irgendwann dann farbiger sein wird und schöner auch.*« Frauen als Farbtupfer? Sicherlich eine sehr spezielle Auffassung von Diversity. Die Empörung folgte auf dem Fuß. Ackermann solle auf eine Blumenwiese oder ins Museum gehen, empfahl ihm Ilse Aigner, oder sich Bilder an die Wand hängen, so Silvana Koch-Mehrin.

Wobei der eigentliche Aufreger aus meiner Sicht das »Irgendwann« ist, das nicht gerade nach Toppriorität auf Ackermanns Agenda klingt. Beinahe hätte er es als zukünftiger Aufsichtsratschef der Deutschen Bank dann doch noch in der Hand gehabt, ob es ganz oben bunter zugehen soll. Aber darauf verzichtete er überraschend. Er geht erst einmal der neuen Regelung im deutschen Aktienrecht entsprechend ins *Cooling-off*.

Mag sein, dass die Förderung von Frauen auf Unternehmensebene eine Frage der Vernunft ist. Das heißt aber noch lange nicht, dass sich deren Aufstieg karrierefördlich auf die einzelne Führungskraft auswirkt. Gerade bei den privilegierten und präferierten Topjobs steht die Konkurrenz Schlange – da ist noch nichts zu spüren vom Fachkräftemangel oder demografischen Wandel. Und wer ist schon so unvernünftig und holt sich die Konkurrenz freiwillig ins eigene Haus? Und die gibt es nun einmal im Berufsleben – innerhalb der Geschlechter genauso wie zwischen den Geschlechtern. Das Konkurrenzthema bleibt in der Diskussion um Diversity oftmals unterbelichtet. Denn wie jede Nachwuchsförderung kann auch Frauenförderung auf individueller Ebene Nachteile für die eigene Karriere mit sich bringen. Man lässt beim nächsten Leitungsmeeting die kompetente Frau Müller präsentieren, man(n) hat ja gehört, dass man Frauen ab und zu einen Schubs geben soll, damit sie sich trauen.

Wer holt sich freiwillig die Konkurrenz ins eigene Haus?

Aber könnten da nicht Zweifel an der eigenen Kompetenz aufkommen? Gehört es nicht auch zu den Führungsaufgaben, gute Leute fürs Unternehmen hervorzubringen? Und ob, doch braucht es dazu selbstbewusste Führungskräfte, die wissen, was sie können, und die sich auf die Fahnen geschrieben haben, sich einen Ruf als Kaderschmiede im Unternehmen zu erarbeiten. Wer das nicht in seinem persönlichen Zielportfolio verankert hat, wird hier wenig investieren und selbst jede Bühne suchen, um in der Unternehmensöffentlichkeit zu agieren. Der Wert von Kader- oder Talentschmieden hängt nicht nur von der persönlichen Einstellung ab, sondern auch davon, welchen Stellenwert die Förderung des Nachwuchses überhaupt im Unternehmen hat. Talentmanagement in die Unternehmensleitlinien zu schreiben ist eine Sache, sie zu leben, eine andere. Kürzere Verweilzeiten und unsichere Arbeitsverhältnisse tun ihr Übriges bei der Frage: eigener Karrierepfad oder Kaderschmiede für die Firma? Der Nutzen für das persönliche Weiterkommen spielt in der ganzen Förderthematik immer eine Rolle, auch wenn das kaum jemand zugibt. Wir leben in Zeiten, in denen keiner mehr vorhersagen kann, wie lange ein Geschäftsmodell noch funktioniert.

In der ComTeam-Studie *Führung im Mittelmanagement* aus dem Jahr 2011 gaben 54 Prozent der befragten Manager und Managerinnen der mittleren Ebene an, dass Machtspiele, Konflikte und Konkurrenzkämpfe im Kollegenkreis sie belasten, 18 Prozent sogar, sehr stark. Für die vielen Arbeitsstunden gäbe es im Unternehmen wenige Chancen, auf der Karriereleiter weiterzukommen, lautet das unbefriedigende Fazit im Mittelmanagement.

Wer soll einem da schon freiwillig den Vortritt lassen, wenn es um die Vergabe von spannenden Posten, Projekten, kleinen oder großen Budgets geht, um die in den Büros regelmäßig konkurriert wird. Wenn Frauen mitspielen wollen, können sie sich aus dem Konkurrenzkampf nicht heraushalten.

Nach oben wird es immer enger. Das ist nicht neu, Karrieren waren schon immer Flaschenhälse. Und Frauen laufen beim Stellungskampf längst nicht mehr außer Konkurrenz, wie es früher gern hieß. Die

Zeiten sind definitiv vorbei. Frauen sind mittlerweile Mitbewerberinnen auf Augenhöhe und die begehrten Posten und Pöstchen wachsen nicht in den Himmel – Führungskräftemangel hin oder her. Noch gibt es keinen Mangel an männlichem Managerpotenzial. Ob es den überhaupt je geben wird, ist fraglich. In den meisten Unternehmen wird keine Raketenwissenschaft betrieben. Während Männer früher nur mit Männern konkurrierten, konkurrieren sie heute auch mit Frauen. Und die tun sich schwer mit den Revierspielen. Es braucht schon ein dickes Fell, um männliche Rituale auszuhalten, die eine oder andere Attacke an sich abprallen zu lassen und mit Kränkungen und Kritik kompetent umzugehen. Je weiter man kommt, umso dicker muss das Fell sein. Auch, um sich vom eigenen Erwartungsdruck, alles können zu müssen, keine Fehler machen zu dürfen, zu entlasten. Nur, weil Sie die neue Position haben, heißt das ja nicht, dass Sie Wunder vollbringen können. Machen Sie sich und anderen das klar. Erstellen Sie einen Fahrplan für die Übergangsphase: Orientierung – Positionierung – Realisierung. Und halten Sie die Reihenfolge ein.

Frauen – Mitbewerberinnen auf Augenhöhe

Was eine Klientin als Seiteneinsteigerin im Großunternehmen erlebte: Ein Mitarbeiter stürzt nach einem Meeting in ihr Büro und macht ihr die Spielregeln klar: »Das machen Sie nicht noch mal mit mir, mich so grün hinter den Ohren aussehen zu lassen, damit das klar ist!« Rums, und weg war er. Es ging um eine Kleinigkeit, in der Kommunikation geht es immer um Kleinigkeiten. Der eigentliche Punkt des Kompetenzgerangels: Sie stört die klassische Aufstiegslinie nach dem Motto: Da hat man sich für den Laden jahrelang ein Bein ausgerissen und wird dann einfach übergangen. Seinem Frust darüber wollte er Luft machen. Eine externe und vor allem hoch oben in der Hierarchie angesiedelte Besetzung bedeutet unterschwellig auch: Das Know-how in den eigenen Reihen reicht nicht aus. Wichtig ist, sich das bewusst zu machen, dann nimmt man es schon etwas weniger persönlich. Männern geht das nicht anders, nur kennen sie sich im Rivalitätsspiel besser aus, wissen, wer ihnen gefährlich werden kann, wen sie als Konkurrenten ausschalten und mit wem sie sich gut stellen müssen. Hier hilft ihnen das Ähnlichkeitsprinzip.

Hinzu kommt, dass nahezu alle Managementvordenker voraussagen, dass die Verflachung der Hierarchien weiter anhält und Unternehmen künftig mit weniger Führungskräften auskommen werden. Aber die sollen, bitteschön, neu sein. Wenn politisch diskutiert wird, die Zahl der Aufsichtsratssitze möglicherweise zu reduzieren und gleichzeitig mehr Frauen in die Aufsichtsräte zu holen, verschärft und verschlechtert sich der Wettbewerb um aussichtsreiche Posten noch einmal – vor allem für Männer.

Egal ob auf Personalkongressen oder in der einschlägigen Führungsliteratur, überall gilt dieselbe Parole: Wir brauchen neue Führungskräfte. Führungskräfte mit natürlicher Autorität, Kompetenz und Leidenschaft, die dem Unternehmen dienen, die sich eher fragen »Was ist gut und richtig fürs Unternehmen?« statt »Was ist gut und richtig für mich?«. Die persönlich bescheiden (übrigens eine Grundeigenschaft vieler Frauen) sind und sich professionell durchsetzen können. So weit die Führungskräfte-Prosa.

GUTER GEDANKE:

> *Führen heißt, Lust zu wecken an der Entfaltung der eigenen Fähigkeiten und am Dienst für die Gemeinschaft.*«
> **ANSELM GRÜN**[5], Benediktinerpater und Autor

Nur, woher solche Führungskräfte nehmen? »Mehr, als sie in Trainings zu schicken, können wir doch auch nicht machen«, stöhnt die Branche der Personalentwickler verzweifelt auf. Wie wäre es damit, Denkbremsen zu lösen, mehr Fantasie und Flexibilität (die haben Sie doch) bei der Suchprozedur walten zu lassen und verstärkt nach weiblichen Führungskräften zu fahnden. Vielleicht werden Sie angenehm überrascht.

In Unternehmen tobt das Leben

Wenn heute jemand eine »Wahnsinnskarriere« hinlegt, dann kann man diesen Begriff getrost wörtlich nehmen, denn das heißt auch, dass jemand dem täglichen Wahnsinn im Karriererennen standhält. Der Managementalltag ist geprägt von Paradoxien: Alles muss verbessert werden – der Service, die Kundenzufriedenheit, die Erreichbarkeit –, nur kosten darf es nichts, der Gewinn muss stimmen. Geschäft oder Glaubwürdigkeit? Ein einziges Dilemma.

Werden es die Frauen besser machen? Werden Frauen diese Artistik des Arbeitsalltags verändern, wenn sie einen Dax-Konzern leiten? Eine Handvoll Studien meinen Ja oder geben Hoffnung zu der Vermutung. Und dann wird hineininterpretiert, was das Zeug hält. Man darf berechtigte Zweifel daran haben, ob solche Erwartungen überhaupt zu erfüllen sind, solange es am Ende des Tages vor allem darauf ankommt, dass die Zahlen stimmen. Ich bin fürs Beteiligen von mehr Frauen in Führungspositionen, die diese Ämter auf sich nehmen wollen, aber ich teile nicht die Euphorie, dass die Unternehmenswelt morgen allein dadurch eine bessere sein wird. Und dass sich die Spitzenfrauen selbst mit solchen uneinlösbaren Versprechen zurückhalten, ist in diesem Fall nicht typisch weibliche Bescheidenheit, sondern gesunde Selbst-Bewusstheit.

Es steht außer Frage, die Wirtschaft braucht mehr Frauen – vor allem in den Vorständen. Dennoch ist mir der Zauber, der Frauen dabei zugeschrieben wird, nicht ganz geheuer, er erinnert mich manchmal an das bahnbrechende Buch *In Search of Excellence* von Tom Peters und Robert Watermann, das ungefähr vor dreißig Jahren erschien. Etliche der dort hoch gelobten Unternehmen sind längst vom Markt verschwunden, vieles in solchen Studien ist eben auch Momentaufnahme.

GUTER GEDANKE:

>*Ich denke nicht, dass sich die Unternehmen verändern, denn das, worauf es ankommt in einer Führungsposition, ist, Ergebnisse zu erzielen. Und das ist natürlich auch das, was Frauen tun müssen in einer Führungsposition.«*
SONJA BISCHOFF[6], BWL-Professorin, führt regelmäßig Studien zum Thema »Frauen und Führung« durch

»Ich bin doch nicht blöd«

Das Leben an der Spitze: von morgens bis abends durchgetaktet, im Meetingmarathon verplant und fremdbestimmt, drinnen und draußen Neider und Konkurrenten, die die Ellenbogen ausstrecken, zwischen Unternehmensrendite und Gesundheitsrisiko, Öffentlichkeit und Einsamkeit, Hochgefühl und Niedergeschlagenheit. Die Kompensation: Geld, Macht und Status. Und kein Mitleid. Das können Manager und wohl auch Managerinnen nicht erwarten. Im Gegenteil, seit der Finanzkrise werden sie mit Häme überschüttet und nicht einmal in Partnerbörsen sind sie begehrt, rangieren unter »ferner liefen« nach Ärzten, Anwälten, Architekten, Journalisten oder Lehrern. In ihrem Buch *KLASSE!* gewährt Dagmar Decker in anonymen Interviews mit Spitzenmanagern und einer Managerin einen wunderbaren Einblick in eine wundersame Welt. Beim Lesen kann einem das Media-Markt-Motto *»Ich bin doch nicht blöd«* in den Sinn kommen. Das tu ich mir doch nicht an! Wer glaubt, wenn man erst solchen Posten innehabe, dann habe man seine Ruhe und könne tun und lassen, was man möchte, irrt gewaltig. Man steht im Rampenlicht, unter Dauerbeobachtung und Dauerbeschuss. Jetzt fangen die Machtkämpfe mit internen Konkurrenten, übergangenen Kollegen und anderen Mächtigen erst an. Beispiele dafür gibt es genug und da gibt es keinen Schongang für Frauen.

Beim Führungswechsel gibt es keinen Frauenbonus

»Jeder Satz, jeder Schritt von mir wird registriert«, berichtet mir die frischgebackene Geschäftsführerin, die nicht genannt werden möchte. Und man beginnt zu ahnen, dass es nicht wenige geben wird, die auf ein falsches Wort, einen falschen Schritt der Neuen warten, die ihnen vor die Nase gesetzt wurde. Das Managementmilieu ist schonungslos. Und Sie als Neuzugang sind ahnungslos, wo die Tretminen liegen. Kein Wunder, dass Führungswechsel ein hohes Scheiterpotenzial haben: Rund 30 Prozent sollen schiefgehen, so die IAB-Statistik. Interessanterweise spielt dabei fehlendes Fachwissen kaum eine Rolle, sondern Zwischenmenschliches. Es gelingt der neuen Führungskraft nicht, ihre Leute mit- und für sich einzunehmen. In meinen Transition- und Onboarding-Coachings mit Führungswechslern stelle ich immer wieder fest, dass viele um die Frage kreisen, ob sie den fachlichen Herausforderungen gewachsen sind, und so dem typischen Fehler verfallen: Sie wollen zu schnell zu viel. Dabei bleiben Führung und Mitarbeiter auf der Strecke. »Ja, ja, das mach ich dann schon nebenbei«, so der Kommentar einer Chef-Controllerin über ihren Neustart. Sie hat erst, nachdem der Wechsel gescheitert war, selbstkritisch erkannt, dass es »nebenbei« nicht funktioniert. Das Gute an Rückschlägen und Niederlagen: Wir erkennen unsere Grenzen und können uns weiterentwickeln. Ein zweiter oder dritter Anlauf ist doch keine Schande. Hinfallen kann jeder, aufstehen ist die Kunst. Um mit Churchill zu sprechen: »*If you go through hell, keep going.*«

Meine nicht repräsentative Hypothese, wieso so viele Wechsel misslingen: Die meisten Manager (auch Managerinnen sind davon betroffen) halten den »Anfängerstatus« nicht aus, den eine neue Position in einem neuen Unternehmen automatisch mit sich bringt. Sie fragen nicht oder zu wenig nach und hören nicht zu. Sie glauben, als Chef müsste man immer den längsten Redeanteil haben, die besten Ideen und die klügsten Antworten, getreu dem Motto: »*Ober sticht Unter.*« Als ob man seinen Status zur Schau stellen müsste. Und das, obwohl wir allen Umfragen zur Mitarbeiterzufriedenheit oder -unzufriedenheit entnehmen können, was sich Mitarbeiter wünschen – nämlich das offene Ohr des Chefs oder der Chefin. Menschen arbeiten nicht für Geld allein, genauso wichtig sind ihnen Aufmerksamkeit und Anerkennung. Die lassen sich nicht durch Prämien und Bonusprogramme ersetzen.

Statt in schlechter Managermanier »Das muss anders gemacht werden« zu schnauben, ist es besser (und das ist ja bekanntlich schwierig), den Leuten Fragen zu stellen – und das nicht, um selbst mit der Antwort zu brillieren, sondern um zuzuhören. Sich zurückzunehmen und sich anzuhören, was Mitarbeiter bewegt, bedrückt, was sie anders machen würden. Das auszuhalten, das ist die Kunst. Und die ist gerade zu Beginn einer neuen Aufgabe mehr denn je gefragt. Also, fragen Sie, was das Zeug hält, erfragen Sie täglich Ablaufwissen, wie etwas gemacht wird und wieso, und spielen Sie Ihren Anfängerstatus aus, nach einem halben Jahr können Sie das nicht mehr. Dann müssen Sie das wissen.

Es scheitern mehr Männer als Frauen, aber das liegt nicht an deren Mittelmäßigkeit (was nicht heißt, dass es keine gibt), sondern schlicht daran, dass gemäß der Geschlechterverteilung im Management die meisten Wechsler Männer sind. Die Reaktionen auf Personalpannen fallen allerdings unterschiedlich aus. Muss ein Mann seinen Hut nehmen, heißt es trocken: Das passiert halt, man steckt nicht drin. Im Fall einer erfolglosen Frau wird die frei gewordene Position »sicherheitshalber« wieder mit einem Mann besetzt.

Die Nachfrage nach Frauen steigt
Frauen verzweifelt gesucht, heißt es bereits in Headhunterkreisen, die ihre Rekrutierungsanstrengungen Richtung weibliche Führungskräfte verstärkt haben. Sie müssen die Listen voll kriegen und darauf sollen immer häufiger Frauen stehen, wenn es nach den Unternehmen geht. So ein Anruf vom Personalberater ist schon schmeichelhaft, man wird hofiert, endlich wird die berufliche Vita honoriert, ruckzuck, hat man sich ködern lassen und gekündigt. Bei dem Angebot wäre man ja schön blöd gewesen. Es heißt doch immer, Frauen sollen sich mehr trauen und zuschnappen. Wohl wahr, trotzdem sollte das nicht dazu führen, dass man das Angebot, die Unternehmenskultur, die Leute über und unter sich nicht auf Herz und Nieren prüft. Ich würde keinen Job im Management mehr annehmen, bei dem ich nicht vorher neben Chef und Chef-Chef (im Glücksfall: Chefin und Chef-Chefin) auch einige meiner Direct Reports kennengelernt habe. Und meine Beratungspraxis gibt mir Recht. Zurzeit häufen sich die Fälle, wo Klientinnen (zur Beruhigung: Das passiert auch Klienten) sich die Haare raufen: »Wieso hab ich mir das bloß angetan?« Ja, der Anfangszauber kann manchmal sehr kurz sein. Dann wird auf den Headhunter geschimpft. Es mag sein, dass manchmal zu schnell »gehuntet« wird, aber es gehören immer zwei dazu: einer, der jagt, und einer, der sich jagen lässt.

Wer aufsteigt, erhöht immer seine Fallhöhe. Insbesondere Führungspositionen sind alles andere als sichere Arbeitsplätze und in den obe-

ren Regionen sowieso zeitlich befristet. Läuft der Laden **Unfreiwillige Karriere-unterbrechungen**
nicht oder schafft man es nicht, Belegschaft und Auf-
sichtsrat hinter sich zu bringen und davon zu überzeugen, dass die neue Strategie den dringend notwendigen Turnaround
bringt, ist der Job futsch. Dr. Angelika Dammann gab im Sommer
2011 ihren SAP-Vorstandsposten nur ein Jahr nach Amtsantritt auf,
nachdem die Kritik an ihren Heimflügen im Firmenjet zu laut geworden war. Im Interview mit der *WELT am Sonntag*[7] erklärt sie:»*Die
Vorgänge nach der Veröffentlichung haben mich und das Unternehmen dermaßen belastet, dass ich keinen anderen Weg sah, als SAP
zu verlassen.*« Die vertraglichen Details hatte übrigens ein Kollege
ausgeplaudert. Es hätte auch eine Kollegin sein können, aber davon
gibt es auf der Ebene kaum welche. Der vermeintliche Standpunkt
des Kritikers: Solche kostspieligen Privilegien passen nicht zu dem
strammen Personalabbauprogramm im Unternehmen. Leichtfertig
oder läppisch? Urteilen Sie selbst. Offen bleibt dabei die Frage, wieso
ihr niemand gesteckt hat, dass etwas mehr politisches Taktgefühl in
der jetzigen Situation nicht schaden könnte und regelmäßiges Rei-
sen im Learjet gerade nicht in die Zeit passt. Gerade in Krisenzeiten
haben Mitarbeiter ein feines Gespür dafür, wenn mit zweierlei Maß
gemessen wird. Wir wissen ja: Wasser predigen und Wein trinken
kommt nicht gut an. Oder wollte man jemanden zur Strecke bringen?
Die Zusammenarbeit auf Topebene funktioniert eben nicht immer
optimal.

Gerade als Frau müsse einem das doch klar sein, müsse **Auch Frauen machen Fehler**
man doch eine feine Antenne für solche Belange haben.
Auch Frauen machen Fehler, daran werden wir uns ge-
wöhnen müssen. Zurzeit halten sich spektakuläre Flops von Frauen
in Grenzen, das wird sich ändern, sind erst einmal mehr von ihnen
ganz oben in den Führungsgremien. Im Übrigen erinnert mich der
Fall an Margot Käßmann. Nicht, dass ich erlaubte Heimflüge mit
einer unerlaubten Alkoholfahrt vergleichen möchte. Um Himmels
willen nein, sondern weil beide Frauen viel Lob für ihre Konsequenz
bekommen haben, zu gehen. Gehen wird bewundert, bleiben nicht.
Als Pattex-Heide wurde Frau Simonis, die frühere Ministerpräsiden-

tin Schleswig-Holsteins, verspottet, als sie vier missglückte Wahlgänge brauchte, um endlich einzusehen, dass ihre Zeit vorbei war. Vier hätten es sicherlich nicht sein müssen, liebe Heide Simonis, aber Sie haben gezeigt, dass nicht nur Männer am Stuhl und an der Macht kleben.

Es gibt sie, die Unterschiede, und wenn zwei das Gleiche tun, ist es noch lange nicht dasselbe. Sich durch eleganten Rückzug statt durch offenen Kampf zu wehren, scheint für Frauen schicklicher zu sein. Frauen und Männer werden immer noch unterschiedlich »geprüft« auf dem Weg nach oben. Der Kommentar eines Spitzenmanagers, der seinen Namen an dieser Stelle nicht lesen möchte: »*Diese hoch motivierten Managementfrauen, die sich sofort auf jeden klitzekleinen Missstand stürzen, sind den meisten Männern ein Dorn im Auge.*«

GUTER GEDANKE:

> »*Wer Karriere machen will, egal ob Mann oder Frau, muss mit Gegenwind rechnen. Neid und Missgunst sind sichere Begleiter für die, die aufsteigen. Das gehört zum Spiel; ebenso wichtig ist es zu erkennen, dass in jeder Branche, jedem Unternehmen ein anderer Verhaltenskodex maßgeblich ist.*«
> **ESSIMARI KAIRISTO**[8], Managing Director, CFO, Sasol Germany GmbH

Bequem ist Bleiben nicht

Ob Gehen, wie elegant auch immer, prinzipiell löblicher ist als Bleiben, dahinter möchte ich ein großes Fragezeichen setzen. In einer Ich-bin-dann-mal-weg-Gesellschaft geraten Dableiber schnell unter Beschuss. Zu Unrecht, wie ich finde. Wir brauchen Führungskräfte, die bleiben. Die sich durchbeißen, Fehler eingestehen, weitermachen, besser machen. Zu den Topeigenschaften einer Topführungskraft gehört es auch, mit den permanenten Paradoxien des hochkomplexen Businessalltags zurechtzukommen (wohl auch mit der eigenen nicht weniger komplexen Innenwelt, aber das steht auf einem anderen Blatt) – im Managementjargon auch *Ambiguitätstoleranz* genannt. Wer Diversity, Unterschiedlichkeit und Andersartigkeit, will, muss sie auch aushalten können, sie als Bereicherung und nicht als Bedrohung empfinden. Diversity heißt eben auch, Dinge ertragen zu können, die so bisher im Unternehmen oder im eigenen Team, in der eigenen Abteilung nicht gemacht worden sind.

GUTER GEDANKE:

»Das Verlorengehen der Frauen auf der mittleren Ebene hat damit zu tun, dass viele sagen, sie wollten mehr vom Leben. Wenn immer mehr von diesen Frauen dann aber, weil sie so kostbar sind, in ihren Firmen bleiben und ihre Bedürfnisse durchsetzen, dann verändert sich das gesamte Geschehen, auch für die Männer. Und die werden sehr dankbar sein.«
GERTRUD HÖHLER[9], Unternehmensberaterin und Buchautorin

Der Arbeitsmarkt zieht an – das Wechselfieber grassiert. Kaum eine Studie, die nicht belegt, dass bei deutschen Arbeitnehmern der Wunsch wächst, ihren aktuellen Job zu kündigen. Das geht Führungskräften nicht anders. Hand aufs Herz: Wer wünscht sich nicht manchmal, den ganzen Krempel einfach hinzuwerfen und den Niederungen des Führungsalltags zu entkommen. Danke, dass Sie bleiben, denn bequem ist das nicht. Aber Sie liegen damit im Trend, denn seit der Bankenkrise sind langfristige Bindungen an ein Unternehmen wieder im Kommen. Kurzfristigen Durchlauferhitzern bringt man nicht mehr viel Vertrauen entgegen. Verbindlichkeit ist wieder gefragt.

An der Führung liegt es nicht – woran dann?

Erinnern Sie sich an den Sommer 2011? Deutschland im Frauenfußballfieber. Und nicht wenige Beiträge in den Medien schlugen den Bogen zur Frauenführungsfrage, suchten einen Zusammenhang zwischen Führungsspielerinnen und Führungsfrauen. Offenbar geleitet von der Annahme: Wenn Frauen Fußballweltmeisterinnen werden können, dann können sie auch Konzerne führen. Nun hat es zum Titel nicht gelangt, daraus darf man natürlich nicht den Umkehrschluss ziehen, muss dies auch nicht, denn das Bild passt sowieso nicht in die Debatte um fehlende Frauen in Führungsjobs.

Frauenfirmen und Männerbetriebe sind keine Lösung

Wieso nicht? Fußballfrauen und Fußballmänner spielen in unterschiedlichen Mannschaften. (Meine Herren, einen Kommentar wie »Nicht nur in einer anderen Mannschaft, in einer ganz anderen Liga!« verkneifen Sie sich jetzt bitte!) Das ist nicht das Ziel von Diversity, darf es auch nicht sein. Bitte keine Frauenfirmen oder Männerbetriebe! Es gab einmal den Versuch, eine Frauenbank ins Leben zu rufen. Die wollte keiner haben. Das war weit vor der Krise, vielleicht sollten die Bankerinnen einen zweiten Anlauf nehmen. *Lehmann Sisters* statt *Lehmann Brothers?* Nein, die Erfolgsformel lautet: *Mixed Leadership* – gemischte Managementmannschaften, die unterschiedliche Sichtweisen, Kommunikationsstile oder Entscheidungskriterien einbringen. Der Gender-Aspekt ist dabei ein essenzieller, aber nicht der einzige, von dem positive Effekte zu erwarten sind. Die Relevanz älterer Kundengruppen wird genauso weiter wachsen wie die weiblicher Konsumenten.

Die Stilfrage

Eines gleich vorweg: Dieses Buch will und wird nicht beweisen, dass Frauen die bessere Führungsfigur abgeben. Es wird auch nicht tatsächliche, vermutete oder gewünschte Unterschiede im weiblichen und männlichen Führungsverhalten aufspüren. Wieso nicht? Weil ich in meinen vielen Jahren als Chefin von Abteilungen und Teams mit Mitarbeiterinnen und Mitarbeitern, als Mitarbeiterin von Chefs und Chefinnen (mit mehr oder weniger Flops in beiden Fällen, wofür ich heute dankbar bin, denn sonst hätte ich mich nicht so intensiv mit dem Thema beschäftigt) und in meinen Coachings mit weiblichen und männlichen Führungskräften zu der Feststellung gelangt bin, dass es mehr gibt als *einen weiblichen* und *einen männlichen* Führungsstil. Unterschiede gibt es vielleicht, was definitiv nicht besser oder schlechter bedeutet. Mag sein, dass etwas in den Genen liegt, aber haben wir nicht alle schon richtig gute und richtig schlechte Chefs und Chefinnen gesehen oder gehabt? Prägen nicht Persönlichkeit, Berufs- und Lebenserfahrung eher den individuellen Stil als das Geschlecht? Ich meine, ja.

Nun sind eigene Erfahrungen natürlich nicht das Maß aller Dinge, deshalb ein Blick in die Wissenschaft. Auch hier finden sich für die populäre These vom typisch weiblichen Führungsverhalten keine eindeutigen Belege. Im Gegenteil: Zahlreiche Studien bestätigen, dass letztendlich die Unterschiede innerhalb der Geschlechter viel größer sind als zwischen den Geschlechtern. In beiden Geschlechtergruppen gibt es große Bandbreiten an Verhaltensweisen. So trifft man bei Frauen zum Beispiel häufiger hohe soziale und kommunikative Kompetenzen an, aber auch Männer verfügen über diese Eigenschaften. Umgekehrt zeigen Männer ein stärkeres Durchsetzungsverhalten, aber natürlich findet man Durchsetzungsstärke auch bei Frauen. Ergo: Chef ist nicht gleich Chef und Chefin eben auch nicht gleich Chefin.

Chef ist nicht gleich Chef und Chefin nicht gleich Chefin

Auch die neuen Vorstandsfrauen selbst winken in Interviews fast alle ab auf die Frage, ob sie anders führten als ihre Kollegen: Nein, da gebe es gar nicht so große Unterschiede. Dabei kann es passieren, dass gewisse Verhaltensweisen bei Männern positiv und bei Frauen negativ ausgelegt werden. Einerseits sollen Frauen (typisch) männliches Verhalten zeigen (ohne natürlich zu überziehen), wenn sie in einer Führungsposition sind, aber auch (typisch) weibliches, weil sie Frauen sind. Stehen Sie drüber! Denn zu beklagen, dass es *immer noch* eine Doppelmoral gibt, dass es *immer noch* nicht dasselbe ist, wenn zwei das Gleiche tun, bringt Sie nicht weiter. Wenn Sie etwas verändern wollen an Ihrem Verhalten, tun Sie's, wenn nicht, dann lassen Sie's.

Wo ich gerade über Studien spreche, sollten wir uns eines ab und zu vor Augen führen: Studien können methodisch noch so korrekt sein, es gibt im Grunde nur eine Situation, in der man eine Hochrechnung mit einem echten Ergebnis abgleichen kann, und das sind Wahlen. Da steht der Prognose am Wahltag eine tatsächliche Auszählung gegenüber. Ansonsten wird hochgerechnet, was das Zeug hält. Trotzdem:

Wir brauchen Studien. Die Medien genauso wie wir Autoren. Wir stürzen und stützen uns darauf. Und natürlich kann man auch Fehlschlüsse daraus ziehen.

Vorsicht vor Fehlinterpretation von Forschungsergebnissen!

Ein eindringliches Beispiel, das auch inhaltlich in dieses Buch passt, ist die Schlussfolgerung von Leo Kanner, eines in die USA ausgewanderten österreichischen Arztes, der die Autismusforschung begründet hat. Kanner prägte den Begriff der »Kühlschrankmutter« *(refridgerator mother)*. Ihm fiel irgendwann ein bestimmtes Muster bei den Müttern auf, die mit ihren autistischen Kindern in seine Praxis kamen: Sie waren nahezu alle intelligent, energisch und vor allem beruflich engagiert. Daraus zog er den Schluss, dass berufstätige Frauen kalt seien und dass das Kinder autistisch mache. Inzwischen ist diese Theorie längst widerlegt, doch was einmal in die Welt gesetzt wurde, hält sich bekanntlich hartnäckig. Der Zusammenhang, der Kanner verborgen geblieben war: Es waren gerade die starken, selbstbewussten Mütter, die den Weg in seine Praxis fanden, und nicht die Hausfrauen, die ihre Kindern vor den Nachbarn versteckten. Heute gilt die »Kühlschrankmutter-Theorie« als klassisches Beispiel für eine wissenschaftliche Fehlinterpretation, aber auch dafür, wie eigene Vorurteile Forschungsergebnisse beeinflussen können. Und nicht nur die, auch beim Rekrutierungsprozess spielen sie eine nicht unerhebliche Rolle, dazu später mehr. Und natürlich ist dies ein Beispiel dafür, womit sich berufstätige Mütter immer noch konfrontiert sehen. Die Rabenmutter lässt grüßen.

Wunderwaffe weibliche Führung?

Es geht nicht um Sieg oder Niederlage und auch nicht um die Frage, ob Frauen besser oder schlechter führen. Taucht eine Studie auf, aus der Frauen als teamfähiger und kommunikativer als Männer hervorgehen, wird gleich gefragt: Sind Frauen die besseren Vorgesetzten? Oder die schlechteren, weil zu viel Teamfähigkeit fürs Topmanagement auch nicht taugt? Statt in den Kategorien »besser« oder »schlechter« zu denken, sollten wir überlegen, wie sich die Wirtschaftswelt gemeinsam regieren lässt.

Letztendlich ist es doch nicht entscheidend, ob sich der Führungsstil von Frauen und Männern unterscheidet, sondern dass er sich ergänzt, um Synergieeffekte zu gewinnen – getreu der Devise: Eins und eins ist mehr als zwei. Deshalb sollte endlich Schluss sein mit der Suche nach der Wunderwaffe »weibliche Führung«.

Schluss mit der Suche nach dem weiblichen Führungsstil, der kooperativer und kommunikativer sein soll

GUTER GEDANKE:

> *Rather than thinking that men and women are from different planets, we have the more amusing challenge of learning how to run this planet together.*«
> **AVIVAH WITTENBERG-COX:** *Why Women mean Business*

Allensbach-Studie: Typisch Frau, typisch Mann? Kommunikationsstile zwischen Klischee und Wirklichkeit, Studienreihe: Gesprächs-
kultur in Deutschland, Institut für Demoskopie Allensbach, 2011:

»Bei der Beurteilung des eigenen Vorgesetzten treten nur sehr begrenzt
Unterschiede zwischen männlichen und weiblichen Chefs zutage:
Frauen werden in (etwas) höherem Anteil als emphatisch, zugänglich
und positiv motivierend beschrieben und auch als Vorgesetzte, die am
Arbeitsplatz nicht nur über Geschäftliches reden. Darüber hinaus fallen
die Urteile über männliche und weibliche Vorgesetzte jedoch sehr ähn-
lich aus. Ein deutlich abweichender ›weiblicher Führungsstil‹ ist aus den
Urteilen der Mitarbeiter kaum herauszulesen.«

»Führungsverhalten im Kontext der Geschlechterbeziehungen« –
Ergebnisse einer Befragung in drei Branchen (Bank, Dienstleis-
tung, Maschinenbau) der Deutschen Forschungsgemeinschaft
Bonn und der Universität Leipzig, 2006 / 2007:

»Es lassen sich keinerlei Unterschiede zwischen weiblichen und männlichen Führungskräften feststellen. Dies bedeutet, dass weibliche und
männliche Führungskräfte sich weder in ihrem Führungsverhalten noch
in ihrem Führungserfolg unterscheiden‹, so Dr. Hans-Joachim Wolfram
von der Uni Leipzig. Allerdings werden Führungsqualitäten von Männern und Frauen unterschiedlich wahrgenommen: ›So wird weiblichen
Führungskräften weniger Wertschätzung ihrer beruflichen Fähigkeiten
entgegengebracht – besonders dann, wenn die MitarbeiterInnen tra-
ditionelle Einstellungen zur Rollenverteilung vertreten und unter den
Geführten Männer in der Mehrzahl sind.‹«

2. Willkommen im Männerland Management

Wurde vor gut einem Jahrzehnt der Frauenmangel häufig noch als Rekrutierungsproblem gesehen, stellt er sich heute – von Ausnahmen wie Maschinenbau und anderen technischen Studiengängen abgesehen – weitgehend als Retentionsthema für Unternehmen dar. Frauen zu halten ist weitaus schwieriger, als Frauen für Einstiegsstellen zu finden. Auf dem Weg zu Spitzenpositionen gehen die Frauen verloren: Der Anteil der Frauen an den Führungskräften nimmt mit zunehmender Hierarchiestufe in den Unternehmen immer weiter ab.

Welche Hürden müssen Frauen überwinden, wenn sie nach oben wollen? Was nicht heißen soll, dass Männer keine Hindernisse zu nehmen hätten. Es gibt genug Männer, die auf der Karriereleiter stecken bleiben, obwohl sie hervorragende Leistung bringen und hohe Führungsqualitäten besitzen. Die nicht Vorstand werden, höchstens Haushaltsvorstand. Frauen haben aber immer noch ein paar Extranüsse mehr zu knacken.

Frauen scheitern an Männern, Kindern und sich selbst

Was die Aufstiegschancen von Frauen im Männerland Management schmälert, dazu ist unendlich viel geforscht und noch mehr geschrieben worden. Die Quintessenz: Hauptsächlich handelt es sich um drei Stolperfallen, die Frauen das Organisationsleben schwer oder zumindest schwerer als Männern machen. Erstens eine männlich geprägte Managementkultur, zweitens der Kind-und-Karriere-Spagat und drittens innere Schranken wie zu wenig Selbstmarketing und Sichtbarkeit in strategischen Netzwerken. Einfach ausgedrückt: Männer machen es einem nicht leicht, Kinder machen es einem nicht leicht und wir uns manchmal selbst auch nicht.

Das klingt einleuchtend, und manche fragen sich jetzt vielleicht, wozu die ganze Forschung (einige Studienergebnisse finden Sie ab Seite 68) gut war. Moment, da möchte ich eine Lanze für die Frauen- beziehungsweise Gender-Forschung brechen. Es war hilfreich, hier Grund hineinzubringen. Worin ich Ihnen recht gebe, ist, dass jetzt endlich Schluss damit sein könnte. In der Gender-Sache wird kein Geheimnis mehr gelüftet und keine bahnbrechende Erkenntnis mehr erwartet.

Die Unternehmen haben kein Erkenntnisproblem, sie haben ein Umsetzungsproblem. Ob in der einen Studie die Vereinbarkeitsthematik vor oder hinter den männlichen Machtstrukturen rangiert, erste, zweite oder dritte Hauptursache ist, ist ebenfalls schnuppe. Es bleibt bei den Top Drei der Erklärungsmuster, die in der Regel zudem nicht alleine auftreten, sondern in schöner Wechselwirkung stehen und sich je nach individueller Konstellation gegenseitig verschränken und verstärken. Wir werden weder ein Patentrezept noch eine einfache Erfolgsformel finden, um diese strukturellen, gesellschaftlichen und persönlichen Hürden kurzerhand aus dem Weg zu schaffen. Dies ist ein gewaltiger Change-Prozess, der tief in die Einstellungen von Menschen greift und den beileibe nicht alle wollen – einige Unternehmen nicht, einige Männer nicht und einige Frauen auch nicht.

Gruppendenken und Gewohnheitshandeln

Was Veränderungen angeht, so wird es immer Menschen geben, die die Dinge vorantreiben, solche, die zuschauen, was geschieht, und diejenigen, die sich wundern, was das alles soll. Der Mensch ist eben ein Gewohnheitstier. Überall – in Unternehmen genauso wie in anderen Organisationen – wirken Trägheitsgesetze, gibt es viel Verbalrhetorik und wenig Veränderungen, bremsen uns Gruppendenken und Gewohnheitshandeln. Die meisten Menschen wollen Veränderungen vermeiden und ihren Status quo schützen.

GUTER GEDANKE:

»*Solange etwaige Vorteile von Veränderungen nicht spürbar sind, bleiben wir lieber bei gewohnten Abläufen. Auch das ist evolutionär begründet: Was sich bewährt hat, kann nicht schlecht sein.*«

ELKE U. WEBER[10], Co-Direktorin des *Center for Decision Sciences* an der Columbia University, New York

Egal, welche betriebswirtschaftlichen Argumente für mehr Frauen noch aufgefahren werden, bei dieser Gleichung gibt es kein Vertun:

Mehr Frauen im Management
=
Weniger Männer im Management

Das leuchtet irgendwie ein und wen wundert es da, wenn eine Vielzahl der Jungs da oben nicht wirklich will, dass sich etwas ändert, und die ersten sich bereits ausgegrenzt fühlen, weil für Frauen jetzt der rote Teppich in die Topetage ausgerollt werden soll. Man kann eins und eins zusammenzählen: Der Sprung über die 5-Prozent-Hürde bei den Vorstandspositionen ist nur zu schaffen, wenn Männer Platz machen. Köpfe könnten rollen. Verständlich, wenn nicht alle von dem politischen Männerabbauprogramm begeistert sind, denn es geht um Karrieren und es geht um Geld. Um große Karrieren und großes Geld.

Wie soll das gehen? Daimler-Chef Dieter Zetsche hält es für »*schlicht nicht realisierbar*« und spottet im Interview mit der Frankfurter Allgemeinen Sonntagszeitung vom 25. September 2011: »*Wenn ich höre, dass in drei, vier Jahren 40 Prozent auf den Führungsposten Frauen sein sollen, dann verraten Sie mir bitte: Wohin soll ich all die Männer aussortieren? Alle zwangsweise in Rente schicken, damit überhaupt so viele Stellen frei werden?*«

Oder sie abfinden? Ob Rente oder Abfindung – wer soll das bezahlen? Oder irgendwelche Ressorts und Stellen anhängen? Das will auch die von Heiner Thorborg 2007 ins Leben gerufene bemerkenswerte Plattform *Generation CEO* nicht, die jedes Jahr zwanzig Frauen aufnimmt und sie auf ihrem Weg nach oben fördert, vernetzt, vermittelt. Die Organisation sagt Ja zum Ausbau von Frauenanteilen, aber Nein zu Alibifrauen und gesetzlichen Regelungen. *»Es bringt nichts, den Vorstand zu erweitern, nur um den freien Posten dann mit einer Frau zu besetzen«,* sagte Stefan Schulte, Vorstandschef der Fraport AG und im Beirat der Initiative tätig, beim Ortstermin im Herbst 2011 dem Handelsblatt (14./15.10.2011). Der Verdacht, dass insbesondere die neuen Personalvorstandsressorts mehr Symbolik als Notwendigkeit sind, regt sich ja bereits.

»Doppelspitze« ist nicht die Definition von Mixed Leadership

Oder soll man Doppelspitzen installieren, damit Frauen Männerteams besser machen? Um Himmels willen, das wäre nicht nur eine falsch verstandene Interpretation von *Mixed Leadership*, sondern kontraproduktiv und dem Managerinnenimage abträglich. Vor allem kostet so ein Co-Leadership, jede Topstelle mit Mann und Frau zu besetzen, Geld und Gewinn. Nichts, was Aktionäre gern sehen. Und nicht nur die nicht. Dem Bund verhagelt es die Steuereinnahmen, der Arbeitsagentur die Statistik, wenn Leute abgebaut werden, weil der Gewinn vom Vorjahr nicht mehr reicht, es jedes Jahr ein neuer Rekord sein muss. Mit Beschäftigten, die an der Grenze der Leistungsfähigkeit arbeiten und deren Burn-out nicht mehr weit ist.

Wer geht heute noch in seiner Arbeit auf, die meisten gehen unter. Allgemeine Trends wie Verdichtung der Arbeit, ständige Erreichbarkeit und das Verschwimmen der Grenzen zwischen Beruflichem und Privatem tragen dazu bei, dass immer mehr Menschen mit psychischen Krankheiten zu kämpfen haben. Angepasst und ausgebrannt? Die Weltgesundheitsorganisation geht davon aus, dass Burn-out 2020 weltweit die zweithäufigste Krankheitsursache für Fehlzeit bei der Arbeit sein wird.

Natürlich herrscht in Unternehmen, vor allem in den großen und multinationalen, längst formale *gender correctness*. Kaum ein Mann wird heute mehr laut seine Vorbehalte gegen Frauen äußern, weder von »*Gedöns*« (Gerhard Schröder) noch von »*Kasperle-theater*« (Klaus von Dohnanyi) sprechen oder auf dem Absatz kehrtmachen, wenn er unter einer Chefin arbeiten soll. Im Gegenteil, als moderner Mann und Manager beklagt man besser die mangelnde Präsenz von Frauen im Management. Und hinter den Kulissen? Da sieht es oftmals anders aus, da herrscht noch das Denken: Kommen Sie mir bloß nicht mit einer Frau. »Der Alte dreht durch, wenn ich ihm eine Frau für die Vertriebsleitung vorstelle«, hört man in dieser Offenheit nur noch selten von einem Personalmanager. Heute laufen die Vorbehalte gegen Frauen verdeckter. Frauen dürfen mitspielen, aber Spitzenämter, Topmanagement, Vorstand, Aufsichtsrat – das ist doch eine andere Sportart. Es ist doch bis jetzt auch ganz gut *ohne* gegangen. Also wird vom Vorstand schnell ein Mentoringprogramm zur weiblichen Nachwuchsförderung abgenickt. Das macht sich immer gut, bringt aber wenig, wenn man bei der Besetzung wieder auf Bekanntes setzt. *Umdenken* heißt das Schlagwort der Stunde. Und das ist alternativlos! Egal ob in der Energiepolitik oder beim Besetzen von Führungspositionen – überall wird einem zum Umdenken geraten.

Mentale Modelle können sehr beharrlich sein

Musterkarrieren, verrückte Arbeitszeiten, Präsenzkultur waren gestern. »Wir brauchen ein neues Denken, neue Unternehmenschefs«, tönt es von überall her. Mehr Obermanns? Mehr Männer an der Spitze, für die Frauen nicht nur kurzfristiges Image-, sondern langfristiges Gesinnungsthema sind? Die auf konkrete Ziele setzen, sie beharrlich verfolgen, gegen Widerstände – auch die eigenen – handeln, die abrechenbare Ergebnisse erreichen und Stück für Stück Fortschritte machen. Eine Fähigkeit, die im Managementjargon *Volition* heißt. Führungskräfte, die etwas verändern und besser machen wollen, und um die geht es, brauchen Willenskraft und Durchhaltevermögen auf dem Weg zum Ziel. Solche, die sich nicht gleich aus dem Konzept bringen lassen, wenn etwas nicht funktioniert und von allen beklatscht wird, die sich einiges abverlangen und auch einen zweiten oder dritten Anlauf nicht scheuen. Die den Veränderungsschmerz aushalten. Denn Ja zu Frauen zu sagen bedeutet immer, Nein zu Männern zu sagen – eine Frau einem

Ja zu Frauen heißt Nein zu Männern

Mann vorzuziehen, Diversity dreht den uralten Spieß um. Das wird nicht jedem gefallen, das muss man aushalten können. Auch wenn die Diversity-Verantwortlichen nicht müde werden zu betonen, dass sie nicht Frauen fördern, sondern Talente.

Furcht vor dem Fehlschlag überwinden Aber wie das alte Gruppendenken loswerden? Rausoperieren? »Change!« lautet das Motto von Barack Obamas Präsidentschaft, jetzt ist er in den Niederungen der US-Politik angekommen. Egal ob US-Präsident oder Konzernchef – Veränderungen funktionieren nicht auf Knopfdruck. Sie dauern. Und sie tun weh. Ihr Ausgang ist ungewiss und man kann sich die Finger verbrennen. Wenn es schiefgeht, fassen sich vom Pförtner bis zur Vorstandsriege alle an den Kopf: Wie konnte man nur! Womit ich nicht sagen will, dass man es nicht versuchen sollte. Im Gegenteil, vergessen Sie die Furcht vor dem Fehlschlag: Wer nichts riskiert, riskiert noch mehr. Man sollte sich bei *Gender Diversity* aber auf ein Dauerthema einrichten, auf Ernüchterung, auf Verunsicherung und immer wieder neues Experimentieren. Edison lässt grüßen, der soll tausendmal probiert haben, bis es endlich klappte mit dem Licht. Die Disziplin des Durchhaltens ist der Schlüssel zum Erfolg.

In einer Zeit der Beschleunigung wollen wir natürlich, dass alles ruckzuck geht, sind Instant-Erkenntnisse und Sofortveränderungen sehr beliebt. Wir wünschen uns, dass Führungskräfte sich ändern, dass Mitarbeiter sich ändern, dass die Unternehmenskultur sich ändert, dass die Politik sich ändert oder der Partner. Die eigene Trägheit blenden wir aus, die anderen sollen sich ändern. Geduld haben wir nicht, aber Gelassenheit wollen wir alle. Das eine ist wohl ohne das andere nicht zu haben.

Neues Denken kann man nicht verordnen Veränderungen zu fordern oder zu verordnen oder gleich intravenös zu verabreichen, nein, im Ernst, das wird nicht funktionieren. Veränderungen erfordern Disziplin, Dranbleiben, Zeit- und Arbeitseinsatz. Auch wenn die Mächtigen Veränderungen und mehr Frauen fordern, heißt das noch nicht, dass Beifall geklatscht, geschweige denn etwas umgesetzt wird. Natürlich ist man generell der Thematik aufgeschlossen, man geht schließlich mit der Zeit und mit der Managementmode. Und im konkreten Fall? Es wäre doch gelacht, wenn sich kein Grund fände, die Frau als geeignete Kandidatin abzulehnen – zu wenig Erfahrung in unserer Umsatzgröße, ungeeignete Unternehmenskultur, zu wenig Vorstandsattitüde. Letzteres musste sich eine Klientin, die schon einige Jahre als Vorstand tätig ist, von einem Personalchef anhören. Unsere inneren Bilder – oder mentalen Modelle –, wie etwas zu sein hat, können sehr beharrlich sein. Und sehr beschränkend.

Eins sollte klar geworden sein: Mit Widerständen ist zu rechnen! Wie bei jedem Veränderungsprojekt werden die Betroffenen in archaischen Positionskämpfen ihr Revier zu verteidigen versuchen. Das lernen wir im Sandkasten: »Max, du lässt dir nicht wieder die Schaufel wegnehmen, hörst du!« Und schon gar nicht von einem Mädchen. Oder was bimsen Sie Ihrem Sohnemann, Neffen oder Enkel ein?

GUTER GEDANKE:

> *Wenn es wirklich an die Umverteilung von Ressourcen geht, hört der Spaß dann ganz plötzlich auf. Dann gilt Gleichstellung als übertrieben, dann tut man so, als sei alles schon in Ordnung. Man erklärt die Forderungen als wirtschaftsfeindlich oder als nicht mehr zeitgemäß.«*
> CLAUDIA ROTH[11], Bundesvorsitzende von Bündnis 90 / Die Grünen

Die Doppelrolle der Frauen: Familienmanagerin – Businessmanagerin

Zwar ist die Erwerbstätigkeit von Frauen in unserem Land in den letzten 30 Jahren von 50 auf knapp 70 Prozent gestiegen, aber nur 55 Prozent der Frauen im erwerbsfähigen Alter arbeiten Vollzeit, mahnt die Statistik, der Rest hat einen Teilzeitjob. Ein volkswirtschaftlicher Skandal, vom Image als Karrierekiller ganz abgesehen.

Was Frauen wollen Fragt man Frauen, dann ist es jedoch das, was viele wollen, vor allem dann, wenn sie Familie haben. 97 Prozent der befragten Frauen möchten nach der Geburt eines Kindes wieder an ihren Arbeitsplatz zurückkehren, aber nicht mehr unbedingt in einen Fulltime-Job mit 50-Stunden-Woche *(Accenture-Studie)*. Und ob man damit in den Führungsetagen der Unternehmen überhaupt auskommt, steht auf einem anderen Blatt. Die Ressource Zeit steht heute bei vielen Frauen und Familien im Mittelpunkt, Elternschaft konkurriert mit Erwerbstätigkeit. Das belegt auch der achte Familienbericht (2011): Zeitdruck ist das größte Problem arbeitender Mütter und Väter mit minderjährigen Kindern. 63 Prozent der Väter und 37 Prozent der Mütter geben an, zu wenig Zeit für ihre Kinder zu haben. Kein Wunder, wenn das ideale Lebensmodell, so hat das Bundesministerium für Familie, Senioren, Frauen und Jugend herausgefunden, für zwei Drittel der Frauen eine Teilzeitberufstätigkeit mit eigener Familie und Kindern ist. Viele Paare sagen achselzuckend: »Wir hatten uns das am Anfang auch anders vorgestellt, aber irgendwie sind wir dann in die klassische Rollenverteilung hineingerutscht.« Da nützen auch die schönsten Arbeitszeitmodelle und die besten Betreuungseinrichtungen nichts.

GUTER GEDANKE:

> *»Ich bin die späte Mutti, voll berufstätig mit zwei kleinen Kindern. Und dann sind da ja noch die eigenen Eltern, um die man sich kümmert. Das System, das man sich mühsam aufbaut, gerät schnell komplett ins Rutschen: Job, Kinderbetreuung, Beziehung. Ruckzuck ist man im größten Schlamassel.«*
> **LISA ORTGIES**[12], Moderatorin Frau TV

Mangelware Krippen und Kitas Genauso wie immer noch Frauen in Führungspositionen fehlen, fehlen immer noch Krippen- und Kitaplätze. Auch mit diesem Thema scheinen wir uns eine gefühlte Ewigkeit zu beschäftigen. Wir erinnern uns: Der Bund hat Länder und Kommunen dazu verdonnert, bis Mitte 2013 für jedes Kind unter drei Jahren einen Krippenplatz zur Verfügung zu stellen. Mit Vollendung des ersten Lebensjahres hätten Kinder oder ihre Eltern dann sogar einen Rechtsanspruch. Die Bilanz fällt Ende 2011 bescheiden aus: Im gesamten Bundesgebiet gibt es nur für ein Fünftel der unter Dreijährigen ein Betreuungsangebot. Besonders lang sind die Wartelisten in Nordrhein-Westfalen, dort sind es sogar nur 15 Prozent.

Schon jetzt zeichnet sich eine Betreuungslücke ab und eine Welle an Schuldzuweisungen zwischen Bund, Ländern und Kommunen. Ja, so ist das zwischen Wunsch und Wirklichkeit – das ist in der Politik nicht anders als in der Wirtschaft. Dem Quotengipfel soll nun ein Krippengipfel folgen. Vor allem in den Ballungsräumen fehlt es an Geld, Grundstücken, Erziehungspersonal. Und gerade dort werden Betreuungsangebote am dringendsten gebraucht. Nicht für die wenigen Führungsfrauen in Toppositionen, die leisten sich längst den Luxus privater Betreuung, sondern für Frauen, die allein erziehen müssen oder wollen, die dazuverdienen müssen oder wollen, die noch nicht etabliert sind in ihrer Berufslaufbahn. Wer weiterkommen will, sollte nach der Geburt eines Kindes bald zurück an den Arbeitsplatz gehen, da sind sich alle einig. Deutschland braucht mehr und bessere Betreuungseinrichtungen. Das ist die Grundvoraussetzung dafür, dass Mütter arbeiten können. Allein auf das Pferd Betreuung zu setzen reicht aber nicht, um Frauen in Führung zu bringen. Dazu genügt ein Blick auf unser Paradebeispiel Frankreich: das Land, das den Begriff »Rabenmutter« nicht kennt und in dem Ganztagskindergärten und -schulen zum Standard gehören. Keine Frage, es ist dort und auch anderswo – wie zum Beispiel in Skandinavien – besser gelungen, dass Frauen mit Kindern berufstätig sein können. Das hat aber nicht dazu geführt, dass in Frankreich überproportional mehr Frauen in hochkarätigen Führungspositionen großer Unternehmen sitzen. Je nach Statistik liegt Frankreich zwei oder dreieinhalb Prozentpunkte vor Deutschland.

Drei F statt drei K? Das Bild der modernen Frau oder Wunschdenken? Die Wirklichkeit sieht an vielen Stellen anders aus: Wenn Frauen nicht nur arbeiten, sondern auch Karriere machen wollen – zudem mit Kind oder gar Kindern –, scheint oftmals die soziale Toleranzgrenze erreicht. Schnell schüren

Frau – Führungskraft – Familie

Schwiegermütter oder Nur-Hausfrau-Nachbarinnen das Rabenmutter-Syndrom und auch Chefs erkundigen sich schon einmal, ob die lieben Kleinen auch nicht vernachlässigt werden. Angriffe, die nur auf Frauen zielen, nie auf Männer. Auf berufstätigen Müttern mit Aufstiegsambitionen lastet immer noch (!) ein enormer Rechtfertigungsdruck. Wurde im letzten Jahrhundert die Kinderlosigkeit von Karrierefrauen kritisch beäugt, besteht in diesem die Tendenz, steigende Scheidungsquoten und sinkende Geburtenraten dem Karrierestreben von Frauen anzulasten, die beides haben wollen – Familie und Führungsjob.

Vorwurfsattacken:
Verspannte Tante oder
Muttertier

Die Furcht der Frauen vor der Führung hat nicht nur mit Bedenken zu tun, den Anforderungen nicht gewachsen zu sein, sondern auch und vor allem mit der Furcht vor gesellschaftlichen Vorbehalten. Wenn Frauen ein höheres Managementniveau ansteuern, fallen sie auf und spüren, dass sie nicht der Norm entsprechen, dass das andere Geschlecht sich wundert und ihre Geschlechtsgenossinnen auch. Es wird eng im Bekanntenkreis. Frauen können auch unter ihresgleichen nicht automatisch auf Rückhalt zählen, wenn sie Karrierewunsch und Kinderwunsch zusammenbringen wollen. Interessant ist dazu die Aussage einer jungen Marketingreferentin Anfang dreißig, die mir noch aus der Diskussionsrunde nach meinem letzten Vortrag im Ohr klingt: *» Wenn man Karriere machen will, dann ist man in meiner Clique gleich eine verspannte Tante, mit der keiner so richtig was zu tun haben will. Ich hätte schon Lust, mehr aus meinem Beruf zu machen, aber ich habe Angst, als Außenseiterin zu gelten. Alle haben studiert und Topabschlüsse, aber eigentlich richtet sich der Ehrgeiz darauf, einen Vorzeige-Ehemann mit gutem Job zu finden, mit dem man dann Vorzeige-Kinder hat und das alles managt.«*

Ja, die Sorge, ob die Jungs sich dann noch für einen interessieren, wird wohl auch mitschwingen.

Die Teilzeiterfahrung einer zweifachen Mutter und Controllerin mit 30-Stunden-Woche im Konzern: *» Vor der Geburt meiner Kinder* *zählte ich zum Führungsnachwuchskreis, jetzt werden mir kaum noch Businesskompetenzen zugetraut. Für alle, auch für meine Chefin, bin ich nur noch das Muttertier – uninteressant und uninteressiert.«* Leider kein Einzelfall.

GUTER GEDANKE:

>*»Natürlich ist es ein Problem, dass Unternehmen Frauen bei der Beförderungsplanung gar nicht berücksichtigen, wenn sie im Mutterschutz sind. In der Phase nehmen männliche Konkurrenten die nächste Stufe, und der Karriereweg der Rückkehrerinnen ist begrenzt oder gar versperrt.«*
>**TIEMO KRACHT**[13], Chef-Personalberater von Kienbaum Consultants

Was ist der richtige Weg, was ist richtig für die Kinder, **Mutti ist die beste** die Familie, für mich? Darauf kann es nicht die eine Antwort geben. Trotzdem sind wir ständig auf der Suche danach, hoffen, doch noch irgendwann ein Erfolgsrezept zu finden. Verständlicherweise, denn das Lieblingsthema der Deutschen polarisiert und provoziert: »Wie schaffst du das nur«, staunen die einen. »Wieso tust du dir« – wahlweise: »deinen Kindern, deiner Familie – das an«, kritisieren die anderen. Es wäre schon viel gewonnen, wenn wir aufhörten, zu konkurrieren, welche Mutti die beste ist.

Wieso dem Wunsch nach Veränderung so selten Taten **Last Exit: Familie** folgen, liegt auch an der Angst vor Gesichts- oder Statusverlust bei Familie, Freunden, dem gesellschaftlichen Umfeld. Wenn Frauen von der Karriereleiter abspringen, weil sie sich mehr der Familie widmen oder ins Privatleben zurückziehen wollen, ist diese Erklärung gesellschaftlich akzeptiert. Sind wir – und vor allem wir Frauen – schon so weit, dass wir einem Mann das Gleiche zugestehen? Vielleicht in Ausnahmefällen, aber jede, die zu Hause mal einen arbeitslosen – sorry, arbeitssuchenden – Partner sitzen hatte, wünscht sich nichts sehnlicher, als dass dieser Zustand endlich vorbeiginge.

Reif für etwas anderes? Mutterschaft ist nicht der einzige Grund, weshalb hoch qualifizierte Frauen ihre Unternehmenslaufbahn an

Kurswechsel in der Karriere

den Nagel hängen und sich andere Formen des Karrieremachens suchen. Auch die Tatsache, dass die Balance zwischen Arbeit und Privatleben nicht stimmt, bringt Frauen dazu, zu kündigen und nach besseren Bedingungen zu suchen oder sie selbst zu schaffen. Vor allem Frauen über vierzig, die schon einiges erreicht haben, nehmen Karrierekorrekturen vor. Sie fangen noch einmal von vorne an, machen sich selbstständig, gründen ihre eigene Firma oder übernehmen kleine oder mittelständische Betriebe.

»Zu meinem Vierzigsten habe ich mir die Rückkehr in meine Heimatstadt Hannover und ein Yoga-Studio geschenkt«, sagt Christine M. *»Nach über zehn Jahren im Karriere-Käfig hatte ich immer öfter das Gefühl, der Job ist nicht das, was ich wirklich will, dass mein eigenes Leben bei dem hektischen Vertriebsjob zu kurz kommt. Die Yoga-Ausbildung habe ich schon während meiner Berufstätigkeit an den Wochenenden und im Urlaub gemacht. Dann gab es bei uns in der Firma eine Umstrukturierung und Abfindungsangebote. Davon habe ich das Studio und mein Leben finanziert. Jetzt, nach drei Jahren, kann ich davon leben und fühle mich großartig. Natürlich hat es Leute gegeben, die meinten, wie ich nur fünfzehn Jahre Berufserfahrung und meinen Firmenwagen zum Fenster rauswerfen könnte.«*

Zerrieben in der Management-Mühle

Aber was wäre die Alternative: Abstellgleis? Burn-out? Bohrende Unzufriedenheit? Hättest du damals nur? – Ja, Altersvorsorge ist wichtig, aber wir tun gerade so, als sei die im Angestelltenverhältnis automatisch sicher. Und eine Verbesserung der gesellschaftlichen Sozialsysteme ist in Zukunft kaum zu erwarten. Wer heutzutage mit fünfzig seinen Job verliert, hat es noch immer schwer, etwas Neues zu finden, und noch viele Jahre vor sich. Was nützt mir da das Demografiegerede? Dann doch lieber rechtzeitig den Beruf wechseln. Und ob wir mit vierzig, fünfzig oder sechzig Jahren arbeitslos werden, bleibt offen, genauso wie die Frage, wie alt wir werden.

Nicht jede Frau hat den Mut oder den finanziellen Background zu so einer Kurskorrektur. Ist die Belastung im Verhältnis zum Gewinn aber entschieden zu groß, führt das nach der Studie *Managerinnen 50plus* zu unterschiedlichen Reaktionen: erstens zu einem Kampf um Anerkennung und weiteren beruflichen Aufstieg, zweitens zu einer Haltung der »inneren Kündigung« und drittens zu einem Ausstieg in die Selbstständigkeit oder das Ehrenamt. Ein Kurswechsel, den sich die meisten Männer um die fünfzig kaum leisten können. Auch mancher Mann ist vom Karrieremachen müde und fühlt sich verschlissen, wie der ehemalige Hamburger Bürgermeister Ole von Beust gestand. Man kann sich auch das Recht herausnehmen zu sagen: »Mir reicht's.«

GUTER GEDANKE:

> *»Es sollte nicht so sein, dass man in eine Karriere hinein-stolpert und mitzieht gemäß dem Motto, das muss so sein, aber abends an der Bar die verschmutzte Seele auskotzt. Nur wenige trauen sich dann, auszusteigen und etwas anderes zu machen. Deshalb sollte man vorher reflektieren, ob es einem die Sache wert ist. Doch noch gibt es relativ wenige, die sagen: ›Karriere? Nein, danke!‹«*
> **LUTZ VON ROSENSTIEL**[14], Professor für Wirtschaftspsychologie

Formal betrachtet konnten Frauen noch nie so individuell leben und entscheiden wie heute. Trotzdem: Egal, wofür Frauen sich entscheiden, sie können es eigentlich nur falsch machen oder sich selbst die Erlaubnis geben, ihren eigenen Weg zu gehen: die Karriereleiter erklimmen, von der Karriereleiter abspringen oder wieder aufspringen, auf einer Stufe stagnieren, die Leiter an eine andere Wand stellen. Wir haben die Wahl. Und die Qual. Weil wir die Übersicht verlieren? Die Fülle der Möglichkeiten wird zu einem Luxusproblem, an dem vor allem Frauen zu leiden scheinen. Längst haben Psychologen herausgefunden, dass Menschen nicht automatisch glücklicher werden, wenn sie freie Wahl haben. Dazu eine interessante Studie der Universität von Pennsylvania über den Zusammenhang von Freiheit und Glück bei Frauen in den westlichen Industriestaaten: *The Paradox of Declining Female Happiness*.

Die Wahl wird immer mehr zur Qual

Obwohl sich die Situation von Frauen in den letzten Jahrzehnten immer mehr verbessert hat – wir können unseren Beruf frei wählen, Karriere machen, Kinder bekommen, heiraten oder es auch sein lassen –, sind sie deutlich unzufriedener geworden. Vor allem Frauen scheinen sich davor zu fürchten, das Falsche auszuwählen.

Ein Grund für das schwindende Glücksempfinden: Wir vergleichen uns zu viel. Dazu stellt die Schweizer Journalistin Michèle Roten[15] spitzzüngig fest: »*Ja, verdammt, Frauen heute sind unglücklicher als vor vierzig Jahren, und das ist gut so! Es ist ein Preis, den wir mit Freude zahlen. Ist doch nur logisch: Natürlich ist eine Frau, die einen Beruf ausübt, der sie interessiert, einen Mann will, der ihr gefällt, sich Freunde sucht, die ihr was geben, und Kinder macht, wenn sie bereit dafür ist, bei Stichproben unglücklicher als die Hausfrau und Mutter. Bei ihr kann die Zufriedenheit auf mehr Ebenen kranken als bei der, die ihre ganze Konzentration darauf verwenden kann, dass die Familie gut läuft.*«

Ein prägnantes Plädoyer gegen den Perfektionswahn. Wenn Frauen einhundertprozentig ihren Job machen wollen, einhundertprozentig das Haushaltsmanagement betreiben und einhundertprozentig Partner, Familie, Freunde betreuen wollen, dann haben sie ein Problem. Wen da nicht das Gefühl beschleicht, dem fordernden Berufs- und Familienalltag auch einmal nicht gewachsen zu sein, gratuliere. Verraten Sie uns Ihr Rezept. Meins: Im Normalfall ist gut gut genug. Und wenn es drauf ankommt, kann ich ja immer noch 120 Prozent geben. Auch das muss manchmal sein.

Wir sollten uns klarmachen, dass auch wir Frauen – egal wie fähig wir sind – nicht alles zur gleichen Zeit sein und machen können. Erst dann haben wir wirklich Wahlfreiheit! Und wir sollten uns öfter bei den alten Philosophen Rat holen. »*Der Vergleich ist das Ende des Glücks und der Anfang der Unzufriedenheit*«, sagte Sören Kierkegaard.

Aus meinen Coachings kenne ich Frauen auf Topebene, die sagen: »Mit Kindern hätte ich diese Karriere nicht hingelegt.« Halt, bevor

Sie jetzt denken, wusste ich's doch, lesen Sie weiter, denn
ich kenne auch Frauen *at the top*, die sagen: »Ohne meine Kinder würde ich diese Karriere nicht aushalten, sie
erden mich in diesem ganzen Zirkus.« Ganz egal, wo Sie innerlich genickt haben, keine dieser beiden Einstellungen ist besser oder schlechter, richtig oder falsch. Auf Kinder zu verzichten ist genauso mutig
wie mit Kindern ein Unternehmen zu führen oder sich ohne Berufstätigkeit oder mit Teilzeitjob um Kinder zu kümmern. Wir können
es sowieso nicht allen recht machen. Das gilt im Privatleben genauso
wie im Berufsleben. Aber absprechen mit den Betroffenen sollten wir
uns schon.

Ein Kind kann für die eine Kick sein und für die andere Knick. Denn
auch das muss gesagt sein: Als Führungskraft drei Jahre Elternzeit
zu nehmen, das sehen viele Arbeitgeber als problematisch an, mehr
als ein halbes Jahr ist kaum üblich. Kein Wunder, dass das niedrige Elternzeitniveau von Männern bei zwei bis drei Monaten liegt.
Sonst wäre der Karrierezug wohl schnell abgefahren – zumindest in
der deutschen Durchschnittsunternehmenskultur. Aber die soll sich
ja ändern.

GUTER GEDANKE:

> *»Nicht die Schwangerschaft ist der Karrierekiller, sondern
> zu lange Elternzeiten, Teilzeitarbeit unter 30 Stunden und
> ein Familienmodell, das nicht gleichberechtigt ist.«*
> **SUSANNE DREAS**[16], Leiterin der Koordinierungsstelle für Familie
> und Beruf

Betrachten wir das Beispiel einer jungen Frau, Führungskraft und
Mutter. Als sie kürzlich ihre erste Teamleitung übernahm, hat sie klar
an Chef und Kollegen kommuniziert, dass sie – von echten Notfällen
abgesehen – dienstags und mittwochs um halb sechs geht, Montag
und Donnerstag ihre langen Tage sind, an denen sie Termine bis in
die Puppen machen kann. Die Jungs im Unternehmen halten sich daran und ihr Mann auch, der übernimmt Montag und Donnerstag
die Dreijährige. Als sie auf einer Veranstaltung von ihrem Modell

der klaren Absprachen berichtete, beklagte sich eine Frau aus dem Publikum: »Was nützt es mir denn, wenn mein Mann das Kind an zwei Tagen übernimmt? Das bringt mich doch auch nicht weiter.« Wer paradiesische Zustände erwartet, wird Kind und Karriere kaum vereinbaren können. Abzuweichen von der klassischen Karrierevorlage kann Probleme schaffen. Natürlich braucht es dafür ein ausgeklügeltes Betreuungssystem, aber vor allem innere Souveränität. Wer ständig denkt »Mit meiner Sonderstellung, da muss ich aufpassen«, verhält sich auch so und bleibt unauffällig. Stillhalten, nicht auffallen sind aber alles andere als Karrierebeschleuniger. Als karrierefähige Frau sollten Sie das wissen. Im dritten Kapitel mehr dazu.

Männer ziehen die Familienmanagerin der Businessmanagerin vor

Ein kürzliches Erlebnis: Bei der Verleihung eines Wirtschaftspreises sagt der für sein Lebenswerk ausgezeichnete Unternehmer im entsprechend hohen Alter auf die Frage nach der zeitlichen Beanspruchung: »*Meine Frau hat mir immer den Rücken frei gehalten.*« Und der junge Existenzgründer, der auch preisgekrönt wird: »*Wir haben uns entschieden, dass meine Frau sich um die Familie und ich mich ums Unternehmen kümmere.*« Applaus. Für das Geschäftsmodell und das »Family-Business«-Modell. Klassisch geht immer noch, das Modell ist sogar wieder im Kommen. Denn das muss auch einmal gesagt werden: Den meisten Männern ist spätestens dann die Familienmanagerin lieber als die Businessmanagerin, wenn sie selbst die ersten Karriereschritte gemacht haben und rundum in Anspruch genommen werden – von der Firma, nicht von der Familie.

Karriere – mein Ein und Alles?

Nicht, dass ich kein Verständnis dafür hätte. Und ob. In den Unternehmen wird ständig umstrukturiert, Arbeitsplätze stehen auf dem Spiel und sind instabiler geworden. Dazu noch die Rund-um-die-Uhr-Erreichbarkeitserwartungen an Führungskräfte. Und da ist Präsenzkultur nur ein Stichwort oder besser Schimpfwort im modernen Managementalltag. An dieser Stelle möchte ich einwenden, dass die gute alte Präsenzkultur so schlimm nun auch wieder nicht war und zu Unrecht in Verruf geraten ist. Wieso? Damals in der Kommunikationssteinzeit, einige erinnern sich sicherlich, als Handy und Internet noch nicht erfunden und wir noch nicht global vernetzt waren, war man erreichbar, wenn man präsent war – von wenigen Wichtig-wichtig-Personen einmal abgesehen. Und wenn man nicht präsent war, war man auch nicht erreichbar. Waren das himmlische Zeiten: Man hatte Feierabend, wenn Feierabend war, das Wochenende war Wochenende und im Urlaub war man weg, erholte sich und war nur in Notfällen erreichbar, wenn überhaupt. Natürlich gab es auch damals schon Sprüche wie »Bei uns macht man nach 19 Uhr Karriere« und Gehen vor 18 Uhr wurde gerne mit »Ach, ist deine Mutter krank?« kommentiert. Es geht mir nicht um die »guten alten Zeiten«, aber die reale Präsenz allein ist nicht das Problem. Durch die Virtualität sind Verfügbarkeit und Erreichbarkeitserwartungen dermaßen gestiegen, dass neben Karriere kaum noch etwas anderes geht.

Trotzdem gibt es interessanterweise immer wieder Menschen – Männer wie Frauen –, die das hinbekommen. Die es schaffen, ihre Kommunikationsapparate auszuschalten, und dann abschalten. Die sich überlegen, was **Immer noch das beste Zeitmanagement: das Eisenhower-Prinzip** wichtig ist und warum. Die sich nicht jede Aufgabe aufs Auge drücken und von jeder Mail und jedem Anruf ablenken lassen, die statt Multitasking den alten Eisenhower und seine Zeitmanagement-Methode zurate ziehen. Zeitmanagement ist ein Hype-Thema, über das unendlich viel geredet wird, wohl auch deshalb, weil es bei der Umsetzung hapert. Wie funktioniert es wirklich? Unterdrücken Sie Ihren Sofort-Reflex und checken Sie stattdessen gedanklich Ihre To-do-Liste oder die nächste Anfrage nach dem *Eisenhower-Prinzip:*

- *Dringend und wichtig:* Sofort selbst erledigen oder erledigen lassen. Letzteres sollten vor allem Frauen öfter fertigbringen, aber dazu kommen wir noch.
- *Dringend und unwichtig:* Delegieren oder nach dem Wichtigeren erledigen.
- *Nicht dringend, aber wichtig:* Terminieren und dann erledigen.
- *Nicht dringend, nicht wichtig:* Sein lassen!! Achtung, Aufgabe abdrücken ist ein beliebtes Bürospiel. Dagegen hilft nur, Nein zu

sagen oder sich nicht zuständig zu fühlen. Das braucht Mut und etwas Übung (Trainingstipps ab Seite 123), steigert aber enorm die eigene Effizienz und Effektivität. Probieren Sie es aus. Und mit der »gewonnenen« Zeit tun Sie endlich einmal das, was Sie schon immer tun wollten.

Trotz World Wide Web und Wissensgesellschaft: Wir können (noch) nicht genau sagen, ob es ein Leben nach dem Tod gibt, aber es gibt garantiert eins vor dem Tod, und das ist keine Generalprobe.

Kind und Karriere unter einen Hut zu bringen ist und bleibt immer noch hauptsächlich ein Problem für Frauen. Weniger für Männer, wenngleich Männer grundsätzlich auch ein Vereinbarkeitsproblem haben. Das bestreitet keiner und es gibt kaum eine Studie, in der Männer sich nicht mehr Zeit für die Familie wünschen. Nur klafft zwischen Wunsch und Wirklichkeit ein immenser Widerspruch, so die *Väterstudie* der Bertelsmann Stiftung: 97 Prozent der befragten Männer wollen sich mehr Zeit für ihren Nachwuchs nehmen – aber eben nicht während ihrer Arbeitszeit. Das sei schlicht nicht realisierbar.

GUTER GEDANKE:

>*»Deshalb rate ich auch jeder jungen Frau, nicht aus dem Beruf auszusteigen, wenn sie Kinder bekommt. Wenigstens einmal die Woche, für drei oder vier Stunden, sollte sie arbeiten gehen. Irgendwie lässt sich das immer organisieren. Rausgehen und sich weiterentwickeln, darum geht es doch.«*
>**LIZ MOHN**[17], Aufsichtsratmitglied Bertelsmann AG, Vorstandsmitglied Bertelsmann-Stiftung

Augen auf bei der Partnerwahl Es mag sein, dass sich hier ganz langsam ein gesellschaftlicher Wandel vollzieht. Andere wie beispielsweise der Soziologe Ulrich Beck sind da skeptischer. Er konstatiert *»verbale Aufgeschlossenheit bei weitgehender Verhaltensstarre«*. Also gilt, nicht nur den Arbeitgeber clever zu wählen, sondern auch den Lebenspartner. »Wie kann ich Kind und Karriere vereinbaren?«, werde ich oft von jungen Frauen gefragt, die die ganze Chose noch vor sich haben. Meine Antwort: »Ein Patentrezept habe ich nicht parat, das gibt es wohl auch nicht, stellen Sie die Frage anders: ›Wie können wir – mein Partner und ich – Kind und Karriere vereinbaren?‹ Beziehen Sie den Mann mit ein!«

In klassischen Geschlechterarrangements tragen Frauen nach wie vor den Löwenanteil der Mehrfachbelastung. Und man kann eins und eins zusammenzählen: Wenn die Vorstellungen der Partner, wie das Berufs- und Familienleben gestaltet werden soll, wenig bis kaum kompatibel sind, sind Probleme programmiert. Die zentrale Frage: Ziehen zwei an einem Strang oder blockieren sie sich gegenseitig? Bleiben die jeweiligen Ziele und Ansprüche unausgesprochen und wird auf das Prinzip Hoffnung gesetzt, irgendwie werde sich das schon regeln, oder wird die die Berufs- und Alltagsbewältigung zwischen beiden Beteiligten ausgehandelt? Klare Kommunikation kann helfen, das Risiko, Partner oder Partnerin zu verlieren, eingeschlossen. Ob man allerdings langfristig jemanden so beeinflussen kann, dass er oder sie gegen die eigene Wunschvorstellung lebt, wage ich zu bezweifeln.

GUTER GEDANKE:

> *»Ein Schlüsselfaktor für die Karriere jeder Frau ist die Wahl des richtigen Lebenspartners.«*
> **ULRIKE DETMERS**[18], Professorin für Wirtschaft und Gesundheit, Mestemacher-Gruppe

Oder wie eine Klientin es kürzlich formulierte: »*Keine Frau muss sich einen Mann aussuchen, der morgens die gebügelten Hemden im Schrank und abends das warme Essen auf dem Tisch haben möchte. Aber wenn Sie Spaß daran haben, dann tun Sie's. Aber machen Sie später nicht Mann, Kinder oder den Arbeitsmarkt dafür verantwortlich, dass Sie beruflich keinen Meter weitergekommen sind.*« Es kann sein, dass man als berufstätige Frau riskiert, den Partner an eine weniger gestresste Frau zu verlieren, aber das Risiko, beruflich zurückzustecken und sich finanziell abhängig zu machen, ist nach neuem Unterhaltsrecht auch nicht ohne. Lesen Sie einmal nach.

Interessant ist in diesem Zusammenhang der Umstand, dass zwar immer mehr Frauen in Führungspositionen erfolgreich sind, dass das aber (erstaunlicherweise) nicht dazu geführt hat, dass sich ihre Chancen bei der Partnerwahl verbessert haben. Ist das archaische Beuteschema schuld? Dazu die These des Verhaltensforschers und Experten für Attraktivität Prof. Karl Grammer: »*Die Intelligenz der Frauen spielt im Beuteschema der Männer keine Rolle.*« Die der Männer für Frauen aber schon, so das Ergebnis seiner Studien: »*Frauen legen mehr Wert auf den sozialen Status ihrer Partner.*« Offensichtlich wollen hier zwei nicht das Gleiche.

»Das tut man nicht« Wir sollten uns schwer hüten, ständig die Lebensmodelle anderer Leute zu beurteilen und aufgrund von ein paar Interviews im Brustton der Überzeugung zu behaupten: »Berufstätige Frauen sind glücklicher«, »Frauen sind feige« oder »Karrierefrauen um die fünfzig ziehen eine bittere Bilanz«. Als ob es nur ein einzig richtiges Handeln und die einzig richtige »One fits all«-Lösung gäbe. Quatsch, wir haben immer mehrere Möglichkeiten – von echten Katastrophen abgesehen –, wenn wir wollen. Aber die, die anders spielen, werden abgewertet: Das tut man nicht! Das kannst du doch nicht machen! Das gehört sich nicht! Vielleicht ist es uns nicht immer bewusst, auch im privaten Bereich *benchmarken* wir ohne Ende, schielen wir auf Gehalt, gesellschaftlichen Status, aufs Gewicht der Kollegin sowieso, statt uns über eigene Ziele und Prioritäten klar zu werden und zu definieren, was wir wirklich wollen, und das auch umsetzen.

Alles hat seinen Preis »*Wir wollen alles*«, liest man immer wieder, wenn Frauenzeitschriften die jungen Frauen befragen. Ja, unsere heutige Möglichkeitsgesellschaft macht es möglich. Aber sind wir auch bereit, den Preis für »alles« zu zahlen? Dabei kann ein Blick auf die *Preise* helfen. Machen Sie Ihren persönlichen Preisvergleich. Nach oben zu kommen, hat seinen Preis, genauso, wie nicht nach oben zu kommen. Kinder zu haben, hat seinen Preis, genauso, wie keine Kinder zu haben. Die Frage ist immer: Bin ich (und mein Partner, den oder die sollten wir, soweit vorhanden, einweihen) bereit, den Preis zu zahlen? Ist es mir die Sache wert? Ist das noch das Leben, das ich führen möchte? Will ich das oder soll ich das wollen? Weil es eine Familientradition ist, dass die Frauen bei uns in der zweiten Reihe stehen? Welcher Preis ist höher: weitermachen oder verändern? Sind meine Prioritäten noch in Ordnung oder sind neue Ziele aufgetaucht? Sie wissen ja: Nichts ist für die Ewigkeit – auch Ziele nicht! *»Glück ist kein Ziel«*, sagte Eleanor Roosevelt, *»es ist ein Nebenprodukt.«* Das Gleiche gilt für Erfolg. Man muss nicht gleich Geschichte schreiben, er kommt dann, wenn wir eine Sache mit Begeisterung und Beharrlichkeit tun.

Eine persönliche Karriereplanung bedeutet auch, die für sich bestmögliche Aufgabe, Rolle, Position zu finden, in der sich Ihre Persönlichkeit positiv entwickeln kann. Das herauszufinden kostet Mühe. Wir machen Wunschlisten zu allen möglichen Anlässen, zu Weihnachten, zur Hochzeit, zu Mr. Right. Aber selten zu unserem beruflichen Umfeld. Oder sie ist kurz: Höhe des Gehalts, Sitz des Unternehmens. Und was ist mit Führungskultur, Kollegen, Vorgesetzten, Weiterentwicklung, Arbeitszeiten, Entscheidungsspielräumen? Welches Maß an Verantwortung darf es sein? Wie viel will ich arbeiten, wie weit will ich kommen, wie anstrengend darf es sein? Manche Angebote klingen traumhaft, bis man feststellt, dass es gar nicht der eigene Traum war. Höher, weiter, mehr sind erlaubte Ziele, aber dafür wird man in anderen Bereichen Abstriche machen müssen und Entbehrungen in Kauf nehmen, darüber sollte man sich im Klaren sein. Umgekehrt ist der Preis dafür, nicht nach oben zu wollen, nicht oben anzukommen und dafür möglicherweise auf weniger großem Fuß zu leben.

Ich traf kürzlich eine ehemalige Abteilungsleiterin, die den Weg zurück in die zweite Reihe gegangen ist. *»Ich war es einfach leid, die Chefin zu sein und jeden Tag die Verantwortung zu tragen«*, so ihr Fazit nach anderthalb Jahren in der Führung. *»Natürlich hat mich anfangs so was wie Prestigeangst geplagt, aber jetzt bin ich nur noch froh, den Schritt gewagt zu haben. Ich bin einfach glücklicher und sehe sogar besser aus.«* Kein Wunder, bei so viel Mut zu eigenen Bedürfnissen. Wenn Frauen den Weg in die Selbstständigkeit wählen, dann fällt häufig der Satz: »*Hier kann ich mein eigener Chef sein, ohne Chef sein zu müssen.*«

FORSCHUNG & FAKTEN:

Frauen in Führungspositionen: Barrieren und Brücken, BFSFJ, durchführendes Institut: Sinus Sociovision, Heidelberg 2010:

»Drei Viertel der Männer in Führungspositionen sind verheiratet und haben Kinder. ›Ehe und Kinder‹, ›Familie-im-Hintergrund-haben‹ ist für Männer in Führungspositionen ein dominantes, normatives Normalitätsmodell mit Leitbildcharakter.

Das gilt nicht in gleicher Weise für Frauen: Hier sind ›nur‹ 53 Prozent verheiratet. Knapp ein Drittel der Frauen in Führungspositionen lebt ohne Partner. Vielfalt und Variabilität der Lebensmuster sind bei Frauen in Führungspositionen größer als bei Männern. Der Verzicht auf Familie ist offenbar heute noch ein Preis, den viele Frauen zahlen wollen oder müssen, um in Führungspositionen zu gelangen und diese dauerhaft innezuhalten. Allerdings: Pauschal von einer Unvereinbarkeit von Familie und Karriere für Frauen zu sprechen und darin die Hauptursache für die ›gläserne Decke‹ zu suchen, greift offensichtlich zu kurz.«

Karrierek(n)ick Kinder, Studie der Bertelsmann-Stiftung / Europäische Akademie für Frauen, 2006:

»Für 84 Prozent der befragten Mütter in Führungspositionen ist die Unterstützung durch den Partner ein wichtiger Erfolgsfaktor.«

Deutschlands Chefinnen – Wie Frauen es an die Unternehmensspitze schaffen, Odgers Berndtson, 2010:

»Familie ist kein Karrierekiller: Die viel diskutierte Vereinbarkeit von Familie und Berufsleben wurde als Karrierehemmnis überraschenderweise sehr selten genannt. Keine der befragten Frauen bezeichnete Karriereunterbrechungen durch Mutterschutzzeiten, Probleme bei der Kinderbetreuung beziehungsweise unflexible Arbeitszeiten als eine wesentliche Hürde. Dabei sind 81 Prozent der Chefinnen verheiratet oder leben in einer festen Lebensgemeinschaft, 44 Prozent der Frauen haben Kinder. Das Problem, Familie und Beruf unter einen Hut zu bringen, ist zwar vorhanden, wird von den Karrierefrauen jedoch durch intelligente Organisation beherrscht.«

Wege in die Vaterschaft, Studie der Bertelsmann Stiftung / Deutsches Jugendinstitut, Gütersloh 2008:

»Die Vereinbarkeit von Familie, Privatinteressen und Beruf wird möglicherweise auch zum Problem für Männer. Je höher die Qualifikation und das berufliche Engagement, desto größer die Sorge um Karriereverlust und Nachteile im Beruf. 90,9 Prozent der Befragten wünschen sich am Arbeitsplatz Maßnahmen, die ihnen mehr Zeit mit der Familie ermöglichen (aktive Vaterschaft), zum Beispiel Erleichterungen, um ihre Berufstätigkeit auch tatsächlich unterbrechen zu können. Aber nur 3 Prozent der berufstätigen Väter geben an, dass sie am Arbeitsplatz ausreichend Unterstützungsangebote zur Kinderbetreuung vorfinden.«

Frauen in Führungspositionen – Status quo der Deutschen Wirtschaft, Universität Karlsruhe (TH), Abschlussbericht 07 / 2010:

»Darüber hinaus zeigen die Ergebnisse, dass eine schnelle Entwicklung von Frauen in Führungspositionen (vor der Familienphase) sinnvoll ist, da sich die Frauen, die vor der Elternzeit bereits in Führungspositionen waren, nach der Elternzeit erfolgreicher weiterentwickeln.«

Managerinnen 50plus – Karrierekorrekturen beruflich erfolgreicher Frauen in der Lebensmitte, Studie des BMFSFJ und EWMD Deutschland e.V., Berlin 2011:

»Sämtliche Frauen zwischen 45 und 55 Jahren setzen sich bewusst und intensiv mit ihrer beruflichen Vergangenheit und Zukunft auseinander, denn die hohe Investition in ihr Berufsleben war und ist mit einer hohen Investition in ihr Privatleben verbunden. Dies hat sehr viel Energie gekostet, ein adäquater ›return on investment‹ fehlt jedoch: Die Karriere stagniert und ein weiterer Aufstieg zum Beispiel in die Geschäftsführung oder den Vorstand ist versperrt und ausschließlich für männliche Kollegen reserviert.«

Durchbruchsicheres Topmanagement

Die nächste Barriere ist weit weniger sichtbar als Kinder, macht sich aber genauso bemerkbar: Die *gläserne Decke* oder *glass ceiling*. Der Begriff geht auf die Autorin und frühere Arbeitsministerin der USA Jane White zurück, die 1990 die »Glasdeckeninitiative« startete mit dem Ziel, die Aufstiegschancen für Frauen in *Corporate America* zu verbessern. Mit dem Bild des Glasdachs wird das Phänomen bezeichnet, auf das Frauen beim Aufstieg in Organisationen früher oder später stoßen, ohne genau greifen zu können, was sie eigentlich ausbremst. Besonders dick und alles andere als durchsichtig scheint die Glasdecke unterhalb des Topmanagements zu sein.

Der Club-Gedanke Ich will nicht behaupten, dass Männer Frauen bewusst bremsen oder systematisch die Türen zum Topmanagement verriegeln. Aber in vielen Führungsetagen funktioniert eine »gute Tür« wie in exklusiven Clubs üblich.

GUTER GEDANKE:

> *»Als Hauptargument für stagnierende Karrieren führen Frauen ja nicht das viel zitierte Problem der Vereinbarkeit von Beruf und Familie an. Stattdessen fühlen sich 70 Prozent von der Dominanz der männlichen Netzwerke ausgebremst.«*
> **JÜRGEN KLUGE**[19], Ex-Vorstandsvorsitzender der Franz Haniel & Cie. GmbH

Der *closed shop* als comfort zone der Männer Oder wie eine junge Abteilungsleiterin es formulierte: *»Mein Geschäftsführer schätzt meine Arbeit als Abteilungsleiterin, würde mich aber nie zur Bereichsleiterin machen. Das ginge gegen seine Komfortzone. Mit den Männern fühlt er sich einfach wohler.«*

Eigentlich erstaunlich: Die Mehrzahl der Männer hält es – von ein paar Scheidungen und Trennungen abgesehen – mit Freundinnen und Ehefrauen aus und mit ihren Sekretärinnen, im Managementjargon: PA – Personal Assistants. Die Frauenquote in deutschen Sekretariaten, Managementjargon: Office-Management, liegt schätzungsweise bei

99 Prozent. In den Machtzentralen der Unternehmen herrscht auch in dieser Beziehung klassisches Rollenverständnis, sind männliche Sekretäre ebensolche Exoten wie weibliche Vorstände. Ein Schelm, der jetzt denkt, hier werde Diversity seit Jahrzehnten im gemischten Doppel gelebt.

Wieso hier das Zusammenspiel funktioniere, wurde ich einmal im Interview mit einem Office-Management-Magazin gefragt. Ein Erklärungsversuch: Frauen werden von Anfang an darauf getrimmt, sich nicht zu sehr ins Rampenlicht zu stellen. Mit »Spiel dich nicht so auf« werden Mädchen zurückgepfiffen, Jungs mit »Der wird mal Chef« angespornt. Vielleicht reizt Frauen deshalb die andere Seite des Chefbüros. Sie sind nah dran am Machtgeschehen, bleiben aber gleichzeitig im Hintergrund. Achten Sie jedoch einmal darauf, welche Hierarchien unter Sekretärinnen herrschen. Da sag noch einer, Frauen mögen keine Macht. Wer in diesem Job glücklich werden will, muss eine Menge Ambivalenzen aushalten können – morgens Kaffee kochen, nachmittags die Konferenz vorbereiten. Sich um Sommer- und Winterreifen kümmern genauso wie um Geburtstagsgeschenke für Kinder, Gattin und gerne auch für die Geliebte. Eine Sekretärin muss sich selbst hoch schätzen können – niemand interessiert, was sie alles tut, nur, für wen sie arbeitet. Wer ständig mit dem Berufsbild hadert und denkt, was der Chef kann, das könne er auch (es gibt nicht wenige Office-Managerinnen mit akademischer Ausbildung), der sollte springen und umsatteln. Ich spreche aus eigener Erfahrung.

In meinem ersten Beruf war ich achtzehn unglückliche Monate Chefsekretärin. Da ich hundertmal täglich Gedanken hatte wie »Eigentlich schmeiße ich hier den Laden«, »Ich halte das nicht mehr aus«, »Wie lange soll das noch gut gehen?«, habe ich schließlich den Sprung gewagt, auf das gute Gehalt verzichtet (»Da esse ich lieber trocken Brot!«), umgeschult und ein Wirtschaftsstudium drangehängt. Die ehemalige Chefsekretärin im Topmanagement Petra Balzer, alias Katharina Münk, erklärt das Phänomen in ihrem Buch *Und morgen bringe ich ihn um* so: »*Das Prinzip, als Frau in einer Position mit hoher Dienstleistungsfunktion als Mutter, Mädchen, Managerin einem Mann zuzuarbeiten, werde wohl so lange fortbestehen, wie die Führungsetagen männlich dominiert seien.«* Mein *Learning* aus dieser Situation: Schwierige Tage sind im Job normal; wenn du nur noch schlechte hast, ist es Zeit, etwas zu verändern. Denn ständig schlechte Stimmung ist auch schlecht für die Karriere.

Das männliche Mental-Modell

Auch wenn niemand bewusst eine Decke eingezogen hat, dann doch unbewusst durch gewohntes, gelebtes und geliebtes Verhalten. Daraus entstehen Mental-Modelle. 95 Prozent unserer Handlungen geschehen unbewusst, sagen die Psychologen. Lieb gewonnene Gewohnheiten, eine klassisch konservative Denke und inoffizielle Zirkel, in denen Frauen fehlen – das »typisch« männliche Mental-Modell –, halten Frauen von Führungspositionen fern. Und dieses Fehlen im *inner circle* hat zur Folge, dass man Frauen gar nicht auf dem Radarschirm hat, wenn die Beförderungsgeschichten laufen. Der Grund ist mitnichten, dass es ihnen an Fach- oder Führungskompetenz fehlt. Die Problematik für Frauen ähnelt in gewisser Weise der von Seiteneinsteigern. Ihr Vorteil: Sie bringen neue Sichtweisen ins Unternehmen ein. Ihr Nachteil: Sie kennen die Kultur nicht und beherrschen die Spielregeln nicht oder nicht gut genug.

Apropos Spielregeln, die große Sorge der Männer ist, dass Frauen sie nicht einhalten. Dazu ein Witz, den mir eine Klientin schickte und der in ihrer Firma zum Thema »Warum Frauen es nicht nach oben schaffen« kursierte: *Eine Gruppe von Männern hat beim Managementtraining die Aufgabe, die Höhe einer Stange, die im Boden steckt, zu ermitteln. Das einzige Hilfsmittel: ein viel zu kurzes Maßband. Sie stehen also vor der Stange und fachsimpeln, wie sie das Problem lösen können. Da kommt eine Frau vorbei, zieht die Stange aus der Erde, legt sie auf den Boden und nimmt Maß. Der Kommentar der Herren, als sie weg ist:* »Typisch Frau, hält sich nicht an die Spielregeln. Wir sollen die Höhe ermitteln, und was macht sie, sie misst die Länge.«

Ein deutsches Wirtschaftsblatt setzt sich vehement für mehr Frauen in Führungspositionen ein. Und druckt gleichzeitig Anzeigen wie »*So*

große Tageszeitung berichtet vom G-20-Youth Summit,
einer Vereinigung junger Führungskräfte. Wer kommt
zu Wort: vier Manager zwischen 32 und 40 Jahren. Möglicherweise
auch in Ermangelung von Frauen unter den anwesenden deutschen
Führungspersonen. Oder die Finanzgruppe, die einen bekannten Be-
ziehungsslogan abwandelt in »*Hinter jeder wichtigen Entscheidung
steht die richtige Beratung.*« Mit Bildmotiv: Mann im Vorder-, Frau
im Hintergrund. Bildschön. Wir wussten es doch längst: Das klassische Rollenmodell scheint eine Renaissance zu erleben, wird immer noch zementiert und wieder zelebriert. Der kleine Junge in der
Werbung für eine Stellenbörse fragt: »*Papa, bist du Chef auf deiner
Arbeit?*« Papas sind die Bosse.

Ein paar Einzelfälle? Nein. In ihrer Untersuchung über die mediale
Sichtbarkeit von Spitzenpersonal in der Wirtschaft kommen Prof. Dr.
Margreth Lünenborg und Dr. Tanja Maier von der Freien Universität
Berlin zu der Erkenntnis, dass tradierte Vorstellungen von Weiblich-
keit und Männlichkeit nach wie vor die Folie sind, vor der aktuelle
Bilder von Führungskräften journalistisch entworfen werden.

Das Berufsleben ist voller Bewertungssysteme und Auswahlverfahren: Assessment-Center, Persönlichkeitstests
und andere professionelle Executive-Search-Methoden

**»Pinguine stellen
Pinguine ein«**

erfreuen sich großer Beliebtheit bei der Führungskräftesuche und -ent-
wicklung. Eine Zeit lang hatte man gedacht, dass diese vermeintlich
objektiven Filtersysteme die Karrierechancen für Frauen begünstigen
würden. Denkste, der Knackpunkt bei der Suchprozedur: Meistens
sind es Männer, die Frauen bewerten. Und je höher die Position, desto informeller und intransparenter die Rekrutierungsprozesse. Vor-
standsberufungen sind schwer gehütete Betriebsgeheimnisse. Man
will seinen Kandidaten durchdrücken und sich nicht in die Karten
schauen lassen. In letzter Zeit häuft sich die Kritik, dass solche Test-
instrumente vor allem dazu dienen, Vorentscheidungen und Absprachen in Hinterzimmern einen gewissen objektiven Anstrich nach au-

ßen zu verleihen. Das mag weit hergeholt sein, aber fest steht: Die alte Personalerweisheit *»Pinguine stellen Pinguine ein«* haben sie nicht abgeschafft und das Groupthink-Phänomen auch nicht. Vielleicht sitzt auch Sokrates tief: *»Eine Frau, gleichgestellt, wird überlegen.«*

GUTER GEDANKE:

> *»Um den Stein ins Rollen zu bringen, sollte daher grundsätzlich sichergestellt sein, dass Kandidatinnen eine faire Chance bekommen … Mit mehr Intelligenz und Kreativität beim Zusammenstellen der Auswahlkriterien dürfte das kein Problem sein. Das setzt lediglich voraus, dass Unternehmen nicht immer Erfahrung in Gremien zur Voraussetzung für eine Berufung in Gremien machen, sonst drehen sich die Manager weiterhin im Kreis.«*
>
> **CLAUDIA NEMAT**[20], Vorstand Deutsche Telekom

In Schlüsselpositionen geht man auf Nummer sicher

Es geht jedoch nicht nur um Erfahrung, sondern auch um persönliche Bande. Tritt ein neuer Vorstandsvorsitzender sein Amt an, beginnt das Stühlerückenspiel, werden frühere Weggefährten um sich geschart, holt man sich Leute in die obersten Etagen, mit denen man bereits zusammengearbeitet hat, die sich schon als managementtauglich erwiesen haben und auf deren Loyalität man zählen kann.

GUTER GEDANKE:

> *»Ein Mann ist für seinen Beruf tauglich, bis er sich als untauglich erwiesen hat. Eine Frau ist für ihren Beruf untauglich, bis sie sich als tauglich erwiesen hat. Daher ist es immer noch erheblich risikoreicher und damit erklärungsbedürftiger, eine Frau zur Führungskraft zu machen, mehr noch: sie einem Mann vorzuziehen. Wer sich für eine Frau als Führungskraft entscheidet, übernimmt damit eine größere Verantwortung. Empfehle ich eine Frau für die Besetzung einer Vorstandsposition, steigt der Rechtfertigungsaufwand um den Faktor zehn.«*
>
> **REINHARD K. SPRENGER**[21], Managementberater und Autor

Dieses Männer-fördern-Männer-Phänomen schreiben   Soziologen dem Ähnlichkeitsprinzip zu: Man wählt jemanden aus, der passend und vertraut erscheint. Managementjargon: Der *Fit* muss stimmen. Das Motiv hinter dieser »gefühlten« Ähnlichkeit: das hohe Unsicherheitsrisiko, das im Managementalltag herrscht, zu reduzieren, beziehungsweise der Glaube oder Irrglaube, man könnte es dadurch reduzieren. Nichts von bunter Management-Mischung. Zudem spielt der Gedanke, im Unternehmen könnte der Eindruck entstehen, der Einstellende habe kein glückliches Händchen bei der Personalauswahl, keine unwesentliche Rolle. Also geht man lieber auf Nummer sicher. Zwar schließt das Vorgehen, Schlüsselpositionen mit Vertrauten zu besetzen, Frauen nicht grundsätzlich aus, nur ist die Auswahl aufgrund der geringeren Anzahl weiblicher Karrierewegbegleiter schlicht kleiner.

Dass es auch anders geht, zeigt der neue Vorstandschef der Bertelsmann AG, Thomas Rabe, zu seinem Amtsantritt. Ein sogenanntes *Group Management Committee* (GMC) soll den Vorstand künftig beraten und unterstützen. Das demonstriert obendrein: Auch der Vorstand kann nicht alles wissen, deshalb will er die Expertise seiner Topleute, vier der sieben Mitglieder sind übrigens Frauen, aktiv nutzen. Eine souveräne Haltung, die gerade im Elfenbeinturm der Vorstandsetagen häufiger Schule machen sollte. Viel zu oft, so Umfragen, bleiben Mitarbeiterkompetenzen ungenutzt.

GUTER GEDANKE:

» Wir wollen das Wissen und die Expertise ausgewählter Topmanager nutzen und deren Rat in alle wichtigen Strategie- und Geschäftsentscheidungen einbeziehen. Es freut mich insbesondere, dass im GMC mehrere weibliche Führungskräfte, die seit Jahren im Unternehmen erfolgreich arbeiten, und sechs verschiedene Nationalitäten vertreten sind. Bertelsmann wird dem Thema ›Diversity‹ in allen seinen Facetten künftig noch stärker Rechnung tragen.«

THOMAS RABE[22], Vorstandsvorsitzender Bertelsmann AG

Wo Frauen sind, folgen Frauen nach

Die Rechnung, die viele aufmachen, bei einer Frauenquote von 30 Prozent blieben immer noch 70 Prozent für die Männer übrig, kann – weiter gedacht – nicht ganz aufgehen. Studien zeigen bereits, dass Frauen bei Neubesetzungen dem gleichen Gruppenbildungsverhalten folgen und ihresgleichen nach sich ziehen: Frauen fördern Frauen. Endlich! Das war nicht immer so. Frauen, die eine Frau befördern wollen, fürchten oft, dass man ihnen das als Bevorzugung des eigenen Geschlechts auslegen könnte. Darüber denkt doch kein Mann nach, wenn er einen anderen nach sich zieht. Langsam fangen Männer an, einen Schneeballeffekt zu befürchten. Man(n) ahnt, kommt dieser Schneeball erst einmal ins Rollen, könnte er so manchen Mann mit sich reißen. Nicht ganz zu Unrecht. Sind erst einmal genügend Frauen in Topmanagement-Positionen, könnte diese Zahl exponentiell wachsen. Nun, bis es zum von Malcolm Gladwell populär gemachten *Tipping-Point-Phänomen* kommt, bei dem eine bis dato linear verlaufene Entwicklung abrupt umkippt und sich sprunghaft beschleunigt oder auch verlangsamt, wird wohl noch Zeit vergehen.

Zudem spielt bei vielen Suchprozessen Zeitdruck eine Rolle. Bei der Stellenbesetzung heißt es dann hektisch: Es muss jetzt aber schnell gehen und der Müller, der ist doch sowieso schon dran an dem Thema. Das ist mein Mann! Und im Handumdrehen haben sich die männlichen Strukturen weiter reproduziert. Dass dadurch manch verborgenes weibliches Talent übersehen wird, wundert nicht. Auch heute passiert es noch, dass ich in einem Unternehmen auf die Namensliste für ein Führungskräfte-Assessment-Center stoße, das rein mit Männern besetzt ist. Das ist zwar nicht die Regel, aber auch nicht erfunden. Oder unter siebzehn sogenannten *Emerging Leaders,* das sind die hoffnungsvollen Talente der Zukunft, befindet sich gerade eine Frau. Die typische Reaktion: »Jetzt, wo Sie das sagen.«

Es braucht keine höhere Mathematik, um auszurechnen, dass mit einer No-Woman- oder One-Woman-Show keine Führungskräfte-Pipeline mit Frauen aufgefüllt werden kann, gesunder Menschenverstand reicht.

Eigentlich ließe sich das mit drei Dingen leicht verändern, wie wir weiter unten sehen (Seite 78). Wobei das Wort »leicht« im Zusammenhang mit »verändern« ein Antagonismus ist. Es geht uns doch allen so: Natürlich wissen wir, wie man die berühmten fünf Kilo, die man immer zu viel wiegt, los wird, und schleppen sie trotzdem weiter mit uns herum. Ja, der innere Schweinehund kann manchmal ein Riesenköter sein. Und hat man es endlich geschafft, schwups, kommt der Jojo-Effekt um die Ecke: Kaum dreht man sich um, ist das Fett wieder da. Kurzfristig nehmen wir uns an die Kandare, nur dauerhaft schaffen wir es nicht, alte Gewohnheiten aufzulösen, das abendliche Bier oder die tägliche Tafel Schokolade wegzulassen und durch Sport oder einen Spaziergang zu ersetzen. Prompt verfallen wir wieder in unsere alten Routinen. In welchen alten Routinen hängen Sie fest? Das kurzfristige Aufbrechen von Verhaltensgewohnheiten garantiert noch keinen dauerhaften Erfolg. Eine Schwalbe macht noch keinen Sommer und eine Vorstandsfrau noch kein durchmischtes Topmanagementteam. Wir müssen entschlossen und beharrlich dranbleiben, bis wir neue Angewohnheiten nachhaltig etabliert haben. Das ist die kritische Phase.

Mächtiges Gruppendenken und Gewohnheitshandeln

Wir sollten die Macht der Gewohnheit nicht unterschätzen. Ob Frauen in Spitzenpositionen ankommen, hat nicht nur mit der Macht der Männer zu tun, sondern auch mit der Macht der Gewohnheit – bei beiden Geschlechtern. Ganze Generationen, ganze Unternehmen – wir alle rutschen in Gewohnheitssysteme. Wie da rauskommen? Diversity-Management ist Change-Management, ist Veränderungsmanagement, und Veränderungen wollen die meisten Menschen möglichst vermeiden. Auch, weil Veränderungen nicht einem einfachen Wenn-dann-Muster folgen. Wir wissen erst hinterher, ob die gute Idee wirklich gut war und wir erfolgreicher sind als vorher. Der Ansatz von Diversity ist nicht, gleicher zu werden, sondern anders. Ob anders besser ist, wird sich zeigen.

Diversity-Strategien sind nicht neu und auch nicht revolutionär, genauso wenig wie Diätprogramme – aber über beide kann man lange reden. Mit gewichtigen Konzepten und viel programmatischem Ge-

Mit »Frauen-Hut« und »Gender-Antenne« ist es nicht getan

töse wird versucht, alle aus dem Tiefschlaf zu erwecken. Und wie sieht es mit der Motivation aus, Veränderungen auch umzusetzen? Letztendlich muss (Gender-)Diversity gemanagt werden und kann nicht an ein paar Diversity-Beauftragte delegiert werden (»Kriegen Sie das mal hin mit den Frauen«). Die dann gesteinigt werden, wenn es nicht läuft. Ein professionelles Diversity-Management darf auf keinen Fall nur Personalaufgabe sein, sondern muss zur obersten Chefsache gemacht werden.

Statt Folienschlacht ein Kurzkonzept. Wie Veränderungen theoretisch gehen, wissen wir längst. Zur Erinnerung eine der bedeutsamsten Theorien des Change-Managements, die von Kurt Lewin stammt, einem der wichtigsten Psychologen des letzten Jahrhunderts, und ihre drei Phasen: *Auftauphase* (Notwendigkeit und Nutzen der Veränderung verstehen), *Bewegungsphase* (Veränderungsschritte planen und umsetzen), *Einfrierphase* (erreichten Zustand festigen).

Beim Kopf muss es anfangen

Erstens gilt die bewährte Faustregel für Veränderungsvorhaben: »*Top-down for targets, bottom-up for how to do it!*« Soll heißen: »Oben« liegt die Verantwortung für die strategischen Leit- und Entwicklungsziele, »unten« die für Maßnahmen. Ständige Nachjustierungen, Nachbesserungen inklusive. Diversity ist kein Durchmarsch. Das Thema braucht einen Top-Treiber, einen Vorstandschef oder Geschäftsführer, der als oberste Steuerungsperson den Takt angibt und das Vorhaben »Mehr Frauen, mehr Vielfalt« auf der Unternehmensagenda fest verankert. Und der den Willen und die Überzeugungskraft hat, die Führungscrew zum Mitmachen zu bewegen. Die Vordenker unter den Vorstandsleuten haben den Umbruch längst auf dem Radar, wissen aber auch, dass die Organisation das zulassen muss, dass sie »Mittäter« brauchen, die die Leute darauf einstimmen. Warum sollten sie sich auf das Veränderungsexperiment einlassen? Wer das nicht als eine Aufgabe auf seiner *Top-priority-to-do*-Liste sieht, tut es auch nicht. Dann erledigen sich Dinge höchstens dadurch, dass sie unter den Tisch fallen. Auch das großartigste Konzept braucht die richtigen Leute, die es umsetzen.

Es wird am Anfang einen Kampf geben. Viele – auch Führungskräfte – wollen Veränderungen vermeiden, das sollte jedem klar sein. Besitzstandswahrer und Bedenkenträger gibt es nicht nur in Behörden und einige behaupten ja sogar, Großkonzerne wären Behörden gar nicht so unähnlich. Wer ein Unternehmen mit mehr Frauen, mit mehr Diversität in allen Führungshierarchien formen will, muss sich die Solidarität für einen Kulturwandel in den Führungsetagen sichern und Überzeugungstäter und -täterinnen an strategischen Knotenpunkten zusammenscharen. Vergleichbar mit einer Therapie, bei der die Therapeutenvariable 80 Prozent ausmacht, ist die Vorstandsvariable ebenso erfolgskritisch. Oder wie die Amerikaner zu sagen pflegen: »CEO *commitment is critical important.*«

An dieser Stelle eine verblüffende Geschichte aus der **Das Denken entscheidet** Schweiz, die wahrscheinlich einzigartig in Europa und auf der Welt ist: In der Baseler Agentur der Reederei MSC arbeiten ausschließlich Frauen – als Assistentin genauso wie als Abteilungsleiterin – und ein Mann. Und der ist Chef der rund hundert Frauen, das Geschäft brummt. Ein Vorzeigemodell? Das Modell der Zukunft? Oder des Patriarchats, das die Geschlechterherrschaft auf die Spitze treibt? Der Diversity-Tourismus nach Basel soll jedenfalls boomen. Viele fragen sich, wieso das hier funktioniert und woanders nicht. Es gab weder Frauenförderprogramme noch Diversity-Projekte – nun, wirklich *diverse* ist die Belegschaft von René Mägli, Chef und Gründer der Firma, auch nicht. Letztendlich ist es Mägli als Unternehmer und Geschäftsführer, der diese Einstellungspolitik aus Prinzip betreibt, weil er es so will, weil er vom »*women only*«-Ansatz überzeugt ist. Oder mit Männern nicht kann, werden manche sticheln. Der seine Vision von einer Unternehmenskultur umgesetzt hat, in der ohne viel Brimborium flott und fleißig gearbeitet wird, und der selbst auf jegliches Statusgehabe verzichtet.

Nichts, was sich schnell auf die Karriereselektion im Konzern übertragen ließe. Allein schon deshalb nicht, weil auch ein Vorstandschef nicht allein das Sagen hat und einsame Personalentscheidungen fällen kann – Kollegen und Führungskräfte würden ihm oder ihr etwas husten. Bei Positionswechseln und Personalauswahl entscheidet eine Vielzahl von Menschen mit unterschiedlichen Mental-Modellen mit darüber, wie die Idealbesetzung auszusehen hat. Ganz abgesehen von dem Punkt, dass hier ein Mann über hundert Frauen herrscht – von der Auszubildenden bis zur Abteilungsleiterin. Gut, es gibt in allen Führungspositionen Frauen, nur an der Spitze nicht. Aber gerade das will man ja erreichen, wenn in Politik und Frauenverbänden über Quoten nachgedacht wird.

Noch ein Gedanke zum Rekrutieren und Selektieren: Laufen im Auswahlkomitee fortwährend Kopfprogramme über die vermeintlichen Nachteile (statt über die Vorteile) ab, die bei der Besetzung mit einer Frau auftreten könnten, verstummen Argumente und bleiben Alternativen ungeprüft. Die Neubesetzung fällt dann entsprechend männlich aus. Die Denke des Auswahlgremiums entscheidet und nicht eine Einstellungspolitik.

Vielfalt zu verstehen und zu akzeptieren hat auch damit zu tun, ob jemand in Grenzen oder in Chancen denkt, ob jemand nach Ausreden sucht oder nach Wegen. Oder wie es der amerikanische Persönlichkeitstrainer Brian Tracy zuspitzt: »*Verlierer ergehen sich in Ausreden, Gewinner machen Fortschritte.*« Erfolg beginnt eben doch im Kopf, nur sitzt da auch der größte Gegner.

Eine Instanz muss sich einmischen

Zweitens braucht es ein *Gender-Monitoring* – eine Instanz, die die Reißleine zieht und keine Hemmungen hat, in den operativen Bereichen nachzuhaken, ob es tatsächlich keine oder nur die eine förderungswürdige Frau gibt, die hier auf der Liste stehe. Irgendjemandem in der Organisation einfach den »Frauen-Hut« aufzusetzen, das funktioniert nicht. Diese Person braucht neben einer »Gender-Antenne« vor allem Beharrungsvermögen und gezielte Konfrontationsbereitschaft, um sich gegen die Veränderungsverhinderer durchzusetzen. Listen ohne Frauen oder ohne eine ausgewogene Balance von weiblichen und männlichen Talenten müssen mit klaren Worten an die Bereiche zurückgegeben werden: »Mangelhaft! Überarbeiten! Förderungswürdige Frauen finden!«

Was passiert stattdessen: Entweder hat das Human-Resources-Management nicht die Macht oder das Standing, die Personalentscheidung der operativen Bereiche zu überstimmen, und beschränkt sich bestenfalls auf eine beratende, schlimmstenfalls auf eine administrative Funktion. Oder es werden Initiativen exklusiv für Frauen aufgesetzt und Listen aufgestellt, auf denen nur Frauen stehen. Mit dem Argument: »Seht her, wir tun was für euch Frauen, wir verschaffen euch mehr Sichtbarkeit im Unternehmen.«

Fraglich bleibt die karrierefördernde Wirkung solcher Maßnahmen. Separiert man damit nicht auch die Frauen und verpasst ihnen eine Art »Außer Konkurrenz«-Stempel? Hier die eine Kategorie Führungskräfte, dort die andere. Zudem bemängeln viele Frauen, dass solche Listen Erwartungen unter den weiblichen Führungskräften schürten, die später gar nicht eingehalten werden können. Hier winken die Initiatoren ab: Nein, eine Beförderung in eine bestimmte Position in einem bestimmten Zeitraum kann damit nicht garantiert werden. So werden Listen schnell als Lippenbekenntnis abgetan: Man macht es mit, aber erwartet nicht zu viel davon. Viele Frauen haben die anfängliche Euphorie über spezielle Entwicklungsprogramme für den weiblichen Nachwuchs schon wieder aufgegeben und sind auf Distanz gegangen. Wenn Programme Frauen weiter nach oben bringen sollen, dann muss am Ende solcher Trainings für die Teilnehmerinnen eine klare Karriereoption stehen. Ansonsten sind es Schönwetterprogramme, mit denen man(n) wieder einmal zwei, drei Jahre Ruhe an der Frauenfront hat.

Drittens braucht es Bewusstheit in der Breite, damit Männerrunden bei der Postenvergabe eben nicht mehr nur nach ihresgleichen suchen, sondern auf eine ausgewogene Balance in gemischten Führungsteams achten. Dann wird hoffentlich irgendwann ein *Gender-Controlling* überflüssig. Dieser Bewusstheitsaspekt muss in die Diversity-Diskussion gebracht werden. Schließlich sind es in der Mehrzahl Männer, die in den Hierarchien Frauen fördern und vor allem befördern sollen. Und das hoffentlich auch wollen.

Es braucht Bewusstmachung

So weit die Trockenübung. Die Veränderungspraxis sieht wie immer anders aus. Sie wollen mit Ihrem Vorhaben Ihr Unternehmen verbessern? Seien Sie gewiss, man wird Ihre Pläne durchkreuzen. Einige tun das aus Bequemlichkeit: Es läuft doch auch so ganz gut. Andere aus Pessimismus: Das bringt doch sowieso nichts. Oder wie der Managementexperte Fredmund Malik es ausdrückte: *»Wenn komplexe Systeme nicht funktionieren, liegt es nicht am System, sondern an den Menschen.«*

Frauen zu fördern ist leichter, als Frauen zu befördern

Wer hat nicht schon einen groß angekündigten Change-Prozess hinter sich, der früher oder später mit einer Bruchlandung endete. Was sollte da nicht alles an eingespielten Verhaltensweisen und festgefahrenen Strukturen aufgebrochen werden. Und der Effekt am Ende: Viel Wind um nichts. Die berüchtigte *Lorenz-Kette* lässt grüßen – bis zum Ziel ist es ein langer Weg, gepflastert mit vielen guten Vorsätzen. Was *oben* schon abgehakt ist, muss *unten* noch lange nicht verstanden, geschweige denn umgesetzt sein. Vorsicht, Versandungsgefahr!

Die Lorenz-Kette:
»Gesagt bedeutet nicht gehört.
Gehört bedeutet nicht verstanden.
Verstanden bedeutet nicht einverstanden.
Einverstanden bedeutet nicht angewendet.
Angewendet bedeutet nicht beibehalten.«

Gerade weil zu der Thematik bereits das x-te Mentoringprogramm und der nächste Karrierekurs für weibliche Führungskräfte aufgelegt wurden, haben viele Frauen nicht den Optimismus, dass es sich beim nächsten Startschuss um mehr als ein Strohfeuer handelt. Ganz unabhängig davon, dass der männliche Nachwuchs schon mault: Warum soll das alles für Frauen reserviert sein?

Vielen Männern fällt es leicht, sich publikumswirksam für Frauen einzusetzen, nur wenn es darum geht, ihnen Zugang zu Karrierepositionen zu verschaffen, da tun sich viele schwer. Frauen zu fördern ist immer noch leichter, als sie dann auch tatsächlich zu befördern. Vor allem für die Mehrzahl der Männer an der Macht, die (noch) komplett anders sozialisiert wurden – für die Familienthemen Frauensache und Karrierethemen Männersache sind.

Das Mental-Modell »Familienthemen sind Frauensache, Karrierethemen Männersache« lebt noch

FORSCHUNG & FAKTEN:

Accenture-Studie *The Anatomy of the Glass Ceiling: Barriers to Women's Professional Advancement*:

»Rund zwei Drittel aller Chefs bestätigen die Existenz der ›gläsernen Decke‹, die Frauen auf der Karriereleiter Grenzen setzt.«

Frauen in Führungspositionen: Barrieren und Brücken, BFSFJ, durchführendes Institut: Sinus Sociovision, Heidelberg 2010:

»Hüter der ›gläsernen Decke‹ sind ja nicht die einzelnen Männer (von denen die meisten sehr aufgeschlossen gegenüber kompetenten und engagierten Frauen sind), sondern Hüter der gläsernen Decke sind die – meist vorbewusst – zementierten Mentalitätsmuster in den Köpfen und Herzen der Männer, die sich zu Rollenbildern und Führungskulturen mit eigenen Ritualen, Sprachspielen und Habitusformen formiert haben.«

Diversity Management und Frauenförderung, **Studie der Egon Zehnder International, 2008:**

»Ein Diversity-Management-Programm – speziell Frauenförderung – existiert mittlerweile bei mehr als der Hälfte der befragten Unternehmen (58 Prozent). Es gibt aber mehr Vorbehalte als Akzeptanz: Rund zwei Drittel der Befragten nehmen in ihren Unternehmen gewisse Vorbehalte vor allem zur speziellen Begrifflichkeit ›Diversity‹ wahr. Trotz aktiver Kommunikation bestehen für einige Mitarbeiter noch die alten, verkrusteten Sichtweisen: ›Ist doch alles Sozialklimbim‹ und ›Männer sind einfach die besseren Manager‹.«

3. Der weibliche Weg

Da wir nicht alles Männern und Kindern in die Schuhe schieben können, kommen wir nun zu uns selbst und unseren eigenen Bremsen und Blockaden. Welche sind das? In Umfragen und Untersuchungen (siehe auch unter »Forschung & Fakten« auf Seite 86) tauchen zu der Frage der inneren Hindernisse im Kern immer wieder drei Bremsfaktoren auf, mit denen Frauen sich einengen und in ihrer beruflichen Entwicklung selbst beschränken.

◆ *Erstens* steht dem Mut der Männer oftmals die Furcht der Frauen gegenüber. Viele Frauen haben Vorbehalte gegenüber einer Führungsaufgabe, trauen sich weniger zu, stellen sich selbst ständig infrage und fürchten sich davor, den Anforderungen nicht gewachsen zu sein oder Fehler zu machen. Ausschlaggebend für eine Führungskarriere ist neben der Fachkompetenz aber vor allem die persönliche Motivation: Ich kann und ich will! Wer kann, aber nicht will, kann auch durch sollen (zum Beispiel per Quote) nicht motiviert werden.

◆ *Zweitens* ist da die weibliche Scheu vor Selbstmarketing: Frauen werden in ihrem Auftreten im »Männerland« Management als dezenter und weniger selbstbewusst beschrieben und wahrgenommen. Sie setzen zu einseitig auf Qualifikation, Fleiß und Leistung – tun Gutes, aber sprechen nicht oder zu wenig darüber. Die Fachkenntnisse können noch so groß sein, wer Karriere machen will, braucht auch die Kompetenz, die eigene Kompetenz gut darzustellen.

◆ *Drittens* netzwerken Frauen zu wenig. Wer weiterkommen möchte, muss auch das Spiel mit den Beziehungen beherrschen, braucht Förderer und Befürworter, einen Kreis aus guten Kontakten.

Das sind allesamt Bremseffekte, die Frauen nicht nur von männlichen Führungskräften bescheinigt werden, sondern auch von weiblichen. Und die sie in ihrem Aufstieg behindern. Sind das nicht Klischees? Die Frage taucht oft

Selbst- und Kompetenz- zweifel hemmen die weibliche Karriere

auf. Nun, Klischees entstehen ja gerade dadurch, dass wir sie immer wieder beobachten – an uns selbst und an anderen. Es gibt sie, die Unterschiede zwischen den Geschlechtern, was nicht heißen soll, dass alle Frauen oder alle Männer gleich ticken. Es gibt selbstverständlich auch Unterschiede innerhalb der Geschlechter. Aus einem groß angelegten Forschungsvorhaben der Universitäten Hamburg und Leipzig zum Thema »Aufstiegskompetenz von Frauen: Entwicklungspotenziale und Hindernisse« berichtete Prof. Angelika Wagner auf der ersten Mixed Leadership Conference am 10. Februar 2011 in Hamburg über Zwischenergebnisse, die darauf hinwiesen, dass Frauen nach wie vor signifikant häufiger Selbst- und Kompetenzzweifel hegen als Männer. Und dass es ihnen schwerer als Männern fällt, ihre eigenen Leistungen gegenüber Vorgesetzten und Kollegen positiv darzustellen.

Aufstiegskompetenz ist mehr als Fach- und Führungskompetenz – eine wesentliche Rolle spielen dabei die Faktoren Auftreten, Image, der Ruf, der einem vorauseilt, sowie Beziehungen, Verbindungen, die interne Akzeptanz. Frauen tun viel für ihre Fach- und Führungs-

Womit Sie die erste Karrierestufe erreicht haben, erreichen Sie nicht die zweite

stärke, arbeiten jedoch zu wenig an ihrer Aufstiegsstärke. Frauen fühlen sich wohl, wenn sie auf ihrem Fachgebiet agieren können, dabei geraten die anderen Aufstiegsdimensionen oft aus dem Blickfeld. Und wenn die Karriere ins Stocken gerät, wird auf dem Feld von Fleiß und Leistung noch mehr gegeben, noch emsiger, noch tüchtiger gearbeitet, statt zu schauen: Was unternehme ich eigentlich in Sachen Selbstmarketing und Vernetzung? Je höher Sie hinauswollen, umso mehr Leute sind an der Besetzungsentscheidung beteiligt und umso wichtiger ist es, dass Sie eine Lobby haben, dass Sie Befürworter im Unternehmen haben. Die unvermeidbaren Kritiker und Infragesteller kommen im Konzern ganz von alleine. Mit jeder weiteren Karrierestufe wachsen die Anforderungen in Sachen Selbstpräsentation, Parkettfähigkeit und Relationship-Kompetenzen, müssen Sie sich nicht »nur« ins Zeug legen, sondern sich auch zeigen und sich vernetzen.

GUTER GEDANKE:
> *»Je höher Sie aufsteigen, desto eher sind Ihre Probleme Verhaltensprobleme.«*
> MARSHALL GOLDSMITH[23], Executive Coach und Autor

FORSCHUNG & FAKTEN:

Motivation und Kompetenz als Voraussetzung für Führungskarrieren – ticken Frauen anders? Sabine Korek, Universität Leipzig:

»Als ein zentrales Ergebnis bisheriger Projektarbeiten stellte sich heraus, dass Frauen im Durchschnitt eine höhere Ausprägung in den *Furchtkomponenten ihrer Motivation* aufweisen. So stimmen sie im Vergleich zu Männern eher Aussagen zu wie ›In einer Führungsposition hätte / habe ich die Befürchtung, den Anforderungen nicht gewachsen zu sein‹ oder ›Wenn andere auf mich angewiesen sind, habe ich große Bedenken, einen Fehler zu machen.‹«

...

»Führungsaufgaben werden von Frauen jedoch nicht gänzlich abgelehnt und sind nicht ausschließlich mit Vorbehalten besetzt. Dies zeigt sich unter anderem darin, dass Frauen eher als Männer die selten berücksichtigte Möglichkeit befürworten, *Führungsaufgaben zu zweit zu übernehmen.*«

Die Selbstmarketingfalle

Der Glaube, es komme vor allem auf Fleiß und Leistung an, sitzt bei Frauen ganz tief. Sie handeln nach dem Motto: Qualität setzt sich durch. Und hoffen: »Dass ich gut bin, das wird sich mit der Zeit schon herumsprechen.« Denkste, gute Arbeit wird nicht automatisch mit Beförderung belohnt. Schließlich sind Sie im Tagesgeschäft viel zu fleißig, wertvoll und unabkömmlich für Ihren Chef. Im ICE habe ich einmal aufgeschnappt, wie ein Mann zum anderen sagte: »Die Müller, das ist mein Mach-mal-eben-Joker.« Als Kompliment war das nicht gemeint, die beiden Herren amüsierten sich königlich. Genauso wie diese zwei: »Wenn wir das nächste Mal zum Kunden gehen, müssen wir unser Team mal mit 'ner Frau aufdonnern.« Ich liebe die 1. Klasse im ICE nach Frankfurt, mit dem Flieger geht es kaum schneller und der Unterhaltungswert ist niedriger.

Noch etwas aus dem prallen Leben: Einer meiner früheren Kollegen hat mich mit der Bemerkung »Fleißig, fleißig, das Schneiderlein« regelmäßig auf die Palme gebracht. Aber er hat mich auch wachgerüttelt. Die Konfrontation mit anderen ist immer auch eine Konfrontation mit sich selbst, an der man wachsen kann. Die Mail einer Leserin, die ich heute Morgen erhielt und die sich auf mein Vorgängerbuch bezieht, zeigt genau das: *»Leider habe ich mich beim Lesen Ihres Buches sehr oft wiederfinden können: das fleißige Bienchen, das schnell und zuverlässig wegarbeitet – schön blöd. Mein Vorsatz: Ich will nicht mehr leiden, ich will handeln.«*

Ich drücke ihr die Daumen!

Keine Frage, Können, Know-how, gute Leistung – das ist alles wichtig, alles richtig. Das ist die Basis, die Eintrittskarte, nur allein damit kommt man nicht weiter und kaum in eine Karriereposition. Kompetenz und Leistung müssen auch dargestellt werden in der Unternehmensöffentlichkeit, müssen kommuniziert und gut verkauft werden. Nichts, was Frauen gerne tun, weil sie meinen, das wirke aufdringlich und angeberisch – und sich deshalb oft selbst blockieren. »Nachher denkt noch einer, ich wollte mich aufspielen«, so die selbstbeschränkende Befürchtung einer Klientin. Natürlich ist beim Selbstmarketing Fingerspitzengefühl gefragt, aber da mache ich mir um Frauen keine Sorgen.

GUTER GEDANKE:

> *»Ein anderer Aspekt ist mit Sicherheit die bei Frauen häufig zu gering ausgeprägte Fähigkeit zur Selbstwerbung für ihre Leistungen. Hier kann ich nur empfehlen, die weibliche Scheu abzulegen, selbstbewusster aufzutreten und das persönliche Interesse, weiterkommen zu wollen, klar im Unternehmen zu kommunizieren.«*

GABRIELE TRAUDE-STOPKA[24], ehemals Vorstand Douglas Holding AG

Die weibliche Scheu vor Selbstmarketing

Selbstmarketing löst bei Frauen Skrupel aus: »Aber, ich kann doch nicht …« Doch, Sie können. Sie müssen sogar. Sie müssen positiv auffallen und Ihr Know-how und Ihr Können anderen vermitteln, wenn Sie Talentstatus erlangen und auf dem sogenannten *Leadership-Track* landen wollen. Im Unternehmen wird permanent einsortiert: »Zeigt höheres Managementtalent« oder »Sachbearbeiterschiene«.

Mir fällt dazu eine Klientin ein, die sich über einen Kollegen aufregte: »Nun hat er schon dreimal hintereinander in Meetings erwähnt, dass er da in irgend so einen Pipifax-Ausschuss berufen wurde. So viel Wind um nichts, das ist nicht mein Ding.« Es mag ja sein, dass dreimal einmal zu viel sind für den eigenen Geschmack, und wie immer kommt es auf die Dosis an. Aber damit bescheiden hinterm Berg zu halten, bringt auch nicht weiter und vor allem keine Punkte auf der Bekanntheitsskala.

Ein Beispiel aus meinem eigenen Erfahrungsschatz: Für ein globales Projekt wollte mich der Kunde als *single point of contact*, als zentrale Ansprechpartnerin in der Organisation. Ein Glücksfall, wie sich bald herausstellte. Das musste natürlich an alle Beteiligten kommuniziert werden. Eine Aufgabe, die mein Chef gerne übernahm, denn es ging ja auch insgesamt um die Abteilungsakzeptanz. Männer erkennen postwendend Themen mit Prestigewirkung. Anfangs war mir die Tragweite gar nicht klar, bis eine halbe Stunde nach der E-Mail-Message mein Telefon nicht mehr still stand. Wer mich da alles unterstützen wollte, wieder einmal mit mir zu Tisch gehen wollte und so weiter. Langsam fing ich an, die Bedeutung zu begreifen: Der Startschuss für meine Selbstmarketingkampagne war gefallen, jetzt lag es an mir, etwas aus diesem Glanz-Projekt zu machen. Halten Sie Ausschau nach solchen Gelegenheiten. Lieber ein statushohes Prestigeprojekt als fünf statusniedrige, die nichts bringen außer viel Arbeit.

Was ist eigentlich Selbstmarketing? Eine Frage, die mir immer wieder in Vorträgen und Seminaren gestellt wird. Und auf der ich immer wieder herumkaue: Mit welcher Beschreibung lässt sich ihr am besten beikommen? (M)ein **Selbstmarketing gibt es nicht im Schnelldurchgang** Erklärungsansatz: Vielleicht kennen Sie das Mantra aller Glückssuchenden: »*Happiness is an inside job.*« Selbstmarketing auch, und: »*An outside one, too.*« Die gute Nachricht: Selbstmarketing lässt sich lernen. Die schlechte: Erwarten Sie keine Soforterfolge über Nacht – das schafft kein Buch, kein Seminar, kein Coach. Die Zauberformel lautet: systematisch und regelmäßig trainieren. Das kann man im Zusammenhang mit Veränderungen nicht oft genug betonen, echte Entwicklungen brauchen Zeit. Wenn Sie beispielsweise Ihre Schenkel straffen wollen, reicht es doch auch nicht, dass Sie sich die Anleitungen in der BRIGITTE-Bauch-Beine-Po-Schule anschauen und vielleicht noch kurz die Bewegungen einmal nachmachen. Vom theoretischen Konzept allein werden wir nicht fit, wir müssen machen. Das ist beim Selbstmarketing nicht anders, jedoch zunächst die Theorie.

Stellen Sie sich Selbstmarketing als ein System vor, das aus zwei Komponenten besteht: einer inneren und einer äußeren. Selbstmarketing – so banal es klingt – fängt bei sich selbst an. Zunächst geht es darum, sich den eigenen inneren »Soundtrack« überhaupt bewusst zu machen. Welche innere Stimme schaltet und waltet in Ihrem Oberstübchen? Die Chefkritikerin, die an allem etwas auszusetzen hat, die zweifelt und zögert und vor neuen Aufgaben zurückzuckt statt zuzuschnappen? Oder die mutige Macherin, die von ihrem Können überzeugt ist, die weiß, was sie draufhat, und sich und ihren Beitrag zum Geschäft wertschätzt? Wer bereits beim Handheben denkt, »Mir hört doch sowieso keiner zu«, hat schon verloren. Sie fühlen sich so und Sie wirken auch so. Abschalten und neue Tonspur aufspielen: »Ich habe gute Ideen und meine Meinung ist interessant für andere.«

Wer die eigenen Erfolge nicht sieht, kann sie auch nicht zeigen Selbstmarketing heißt nicht viel quasseln, sondern die richtigen Resultate den richtigen Leuten präsentieren. Finden Sie eine Antwort auf die Frage: »Was ist meine Spezialität?« Für was stehen Sie, woran arbeiten Sie, was ist auch für andere, für die Abteilung, für das Unternehmen von Nutzen ist? Entscheidend ist nicht nur, was Sie gemacht haben, sondern, was Sie erreichen und vorhaben. Zukunftsmusik, spannende Themen, Meinungen, Begegnungen interessieren im Kollegenkreis immer. Und wenn Ihnen jetzt »Ach, nichts Besonderes« in den Sinn kommt, dann lautet die Aufgabe: nachdenken und die eigenen Fähigkeiten und Resultate freilegen. Kommunizieren Sie den empfängerbezogenen Nutzen Ihrer Tätigkeit: Was haben Sie alles eingeführt, neu organisiert, einfacher, schneller, günstiger gemacht? Worin sind Sie Expertin? Wo haben Sie Kosten gespart, neue Kunden gewonnen oder alte bei der Stange gehalten? Wer seine eigenen Erfolge nicht sieht, kann sie anderen auch nicht zeigen. Es kann sehr hilfreich sein, sich selbst auf die Schliche zu kommen, der inneren Stimme zuzuhören, damit wir nicht schon an den eigenen Blockaden kapitulieren.

GUTER GEDANKE:

> *Wie bei einem Computer erhalten wir immer das zurück, was wir einprogrammieren. Unsere Denkmuster und Selbstgespräche stellen wichtige Input-Quellen dar. Entweder programmieren Sie sich auf Erfolg oder Misserfolg!«*
> JIM LOEHR, amerikanischer Sportpsychologe und mentaler Fitnesstrainer

Schritt eins in Kurzform: Innere Haltung einnehmen: »Ja, ich bin gut und kann was!« Oder halten Sie es mit der Haarspray-Werbung: »*Weil ich es mir wert bin!*« Im zweiten Schritt müssen auch andere davon erfahren. Worin bin ich richtig gut, was von meiner Arbeit, von meinen Projekten und Ergebnissen ist berichtenswert, wer soll davon erfahren? Streuen Sie systematisch Selbstmarketing-Statements ein, wenn Sie mit anderen Menschen zusammentreffen. Lassen Sie die Leute um sich herum wissen, für welches Thema Sie brennen, für welche Sache Sie sich einsetzen.

Zusammengefasst: Man braucht im Berufsleben die Kompetenz, die eigene Kompetenz darzustellen. Da hilft nur: Üben. Üben. Üben. Sie haben es in der Hand, was in den Köpfen der anderen hängen bleibt: *nichts Besonderes* oder *Ihr Expertinnenstatus*.

Wer glaubt, kommunikative und repräsentative Fähigkeiten spielten in modernen Unternehmensstrukturen keine Rolle mehr, irrt. Im Gegenteil, durch die Nutzung der ganzen Bandbreite moderner Medien und Techniken sind Führungskräfte mehr denn je unter Druck, sich auf den Bürobühnen gut darzustellen und gekonnt aufzutreten. Eine Untersuchung des Instituts für Sozialwissenschaftliche Forschung, München, und der Universität Erlangen Nürnberg sowie diverser Praxispartner belegt sogar, dass sich die Zurückhaltung der Frauen beim Dartun des eigenen Könnens nachteilig auswirken kann:

Kommunikative Vorteile karriererelevant einsetzen

»*Neben die fachliche Expertise tritt das erfolgreiche Agieren in der Unternehmensöffentlichkeit als Karrierevoraussetzung. Diese kommunikative Kompetenz umfasst Fähigkeiten wie Überzeugungsfähigkeit, Durchsetzungskraft, Mut zum eigenen Standpunkt, politisches Geschick. Dieses Fähigkeitenbündel wird in einem komplexen System von ›Rollen‹ und ›Bühnen‹ immer wieder getestet. Da kommunikative Kompetenzen traditionell Frauen zugeschrieben werden, bietet ihnen das neue Chancen – doch gerade das typischerweise verlangte Fähigkeitenbündel ist eher männlich konnotiert. Weil Frauen öffentliches politisches Agieren und öffentliche Bewertungssituationen tendenziell eher meiden, kann sich dies sogar zu ihrem Nachteil auswirken.*«[25]

Ihr Fachwissen kann noch so enorm sein, es hilft Ihnen wenig, wenn die Menschen in Ihrem Umfeld nicht davon erfahren. Frauen reden mehr als Männer, so die gängige Meinung. Studien messen bei Frauen einen durchschnittlichen täglichen Output von 6000 Wörtern, bei Männern 2000. Mehr reden scheint also nicht die Lösung zu sein und eine gute Selbstdarstellung heißt nicht Dauerquasseln.

Sich kommunikativ kompetent machen
Kommunikationskompetenz ist die richtige Mischung daraus, was ich sage und wie ich es sage. Statt sich den Mund fusselig zu reden, setzen Sie auf wenige, aber wirkungsvolle Worte. Oder verzichten Sie gelegentlich ganz auf Sprache. Beredtes Schweigen, mit passender Mimik oder Gestik kombiniert, kann Wunder wirken, vor allem bei Männern. Dass Frauen und Männer anders kommunizieren, ist kein Geheimnis. Dabei geht es nicht darum, dass der eine Kommunikationsstil besser oder schlechter ist als der andere, sondern darum, dass beide die Kommunikationskultur des anderen verstehen. Was ja nicht heißt, dass man den ganzen Tag in der anderen Sprache reden muss, aber dann, wenn es notwendig ist, kann man problemlos in einen anderen Kommunikationsmodus wechseln (die Unterschiede im Überblick auf Seite 120). Ein Gedanke am Rande: Vielleicht wäre das Unterrichtsfach »Gender-Bilingualität« überdenkenswert.

So weit, so plausibel. Das Problem ist nur, dass Männer die Notwendigkeit nicht haben. Sie bewegen sich in einer ihnen bekannten Sprache durchs Managementgeschehen, während Frauen sich in einer fremden Sprache, einer fremden Kommunikationskultur befinden und dafür artig büffeln: »*How to talk to men*«. Die Lösung ist doch ganz einfach, endlich muss ein Seminar »*How to talk to women*« her. Den Mann möchte ich sehen, der sich da freiwillig anmeldet.

Eine Klientin klagte, dass ihre zumeist männlichen Mitarbeiter in Meetings alles andere machten – gerne sich gegenseitig mit neuestem technischen Schnickschnack beeindruckten –, nur nicht ihr zuhörten. »Das müssen die doch endlich mal begreifen, dass ich die Chefin bin.« Wie sich Gehör verschaffen? »Nun hören Sie mir doch mal zu!« brüllen und auf den Tisch hauen? Denkbar schlecht. Und vor allem wirkungslos. Wieso? Wo doch viele Chefs ihrem weiblichen Führungsnachwuchs im Feedback-Gespräch klarmachen, sie sollten mal mit der Faust auf den Tisch hauen, damit der Laden läuft. In den eigenen Reihen den dicken Max markieren? Vergessen Sie es! Das passt nicht zu Ihnen und dem Bild einer souveränen Chefin, das Sie abgeben wollen. Was dann? Wir erarbeiteten folgende Strategie: Sobald die Aufmerksamkeit auf den Nullpunkt zusteuert, hört sie mitten im Satz auf zu reden, steht auf, geht einige Schritte um den Tisch hinter den sitzenden Mitarbeitern vorbei. Zum Fenster zu gehen funktioniert auch. Ganz Mutige verlassen kurz den Raum – ohne eine Erklärung.

Das Zauberwort heißt *Kunstpause*. Legen Sie ab und an eine ein, wenn andere tuscheln, simsen oder mailen. Spätestens nach einer halben Minute (wenn man nichts sagt, ist das sehr lang) ist Ihnen die Aufmerksamkeit wieder gewiss, und dann reden Sie weiter, als sei nichts gewesen. Keine Vorwürfe, keine Drohungen, keine Ausbrüche. Man kann auch mit Schweigen sehr deutlich machen, wer das Sagen hat. Das Einzige, was meine Klientin dafür tun musste: bewusst etwas anders machen als bisher und ihren Sprechzwang unterdrücken. Es hat gewirkt. Meiner Klientin war anfangs etwas mulmig, wie sie meinte, aber danach hat sie sich einfach göttlich gefühlt. Der wahre Königinnenzustand. Probieren Sie es aus. Frei nach Schiller: *» Versuch macht schon klug. «*

Wer in Führung gehen will, muss den Erwartungen, die in sie oder ihn gesetzt werden, gerecht werden, muss Ergebnisse und Erfolge abliefern und darf es nicht vermeiden, sich im Unternehmen zu positionieren und zu präsentieren. Die in Aussicht gestellte Belohnung: Sie werden von der Fach- zur Führungskraft, gelangen von der Randlinie in den Blickpunkt. Und dann wächst der Darstellungsdruck, nehmen die kommunikativen Bewährungsproben zu. Das heißt nicht, dass Sie lautstark über die Flure rufen: »Ich bin die Größte, Schönste, Schlauste.« Oder die gute Idee des Kollegen klauen, sich auf Kosten anderer profilieren, die Vorgesetzte

Performance liefern – Präsenz zeigen

mit einer forschen Bemerkung blamieren oder dem Chef die Show stehlen. Ganz schlecht.

Verabschieden Sie sich von der Vorstellung, dass Marketing in eigener Sache etwas Unanständiges oder etwas für Schaumschläger und Selbstdarsteller ist und Sie andere an die Wand spielen sollen. Worum es geht, ist, souverän und selbstbewusst auf den Bürobühnen über die eigenen Erfolge und Ergebnisse zu plaudern. So wie man eine Fremdsprache erlernen kann, kann man auch lernen, für sich zu trommeln. Das Erfolgsmittel: sich herantasten und üben, üben, üben. Entwicklung passiert, wenn wir etwas anders machen als bisher. Natürlich birgt das Risiken, aber eben auch Chancen.

Eine positive, ergebnisorientierte Zielformulierung ist der erste Schritt. Dadurch unterscheidet sich ein Ziel von reinem Wunschdenken. Dass sich Kollegen oder Chefs ändern, gehört in den Bereich des Wunschdenkens. Das eigene Selbstmarketing zu verbessern ist eine Strategie, die Sie nach vorn bringt. Der amerikanische Trendforscher John Naisbitt hat aus meiner Sicht den Strategie-Begriff bestechend simpel auf den Punkt gebracht: *»Eine Strategie ist ein klares Bild von dem, was man erreichen will.«* Bilder malt man aus. Ausmalen (neudeutsch: visualisieren) von Zielen, Erfolgen, Ereignissen ist der Schlüssel. Malen Sie sich Ihre Ziele aus – groß und glückstrahlend.

Gegen Perfektion hilft das *Pareto-Prinzip* Chefs und Chefinnen sind wichtige Empfänger Ihrer Botschaften, aber nicht die einzigen. Kommunizieren Sie kreuz und quer. Insbesondere im Konzern haben Sie immer mehrere karriererelevante »Vorgesetzte«, die über Ihr Vorwärtskommen entscheiden. Ihr Bekanntheitsgrad und Ihre Akzeptanz sind aufstiegsrelevant. Je höher Sie hinauswollen, umso mehr Fürsprecher brauchen Sie. Sorgen Sie für Ihren guten Ruf und dafür, dass er sich herumspricht. Von einem Mann (von wem sonst!) habe ich den Tipp bekommen, es beim Selbstmarketing mit Pareto zu halten. Sie erinnern sich, das ist der italienische Wissenschaftler, der die 80/20-Faustregel herausgefunden hat. Soll heißen, im Schnitt erzielen wir 80 Prozent des Outputs mit 20 Prozent des Inputs. Bezogen aufs Selbstmarketing bedeutet das *Pareto-Prinzip:* 80 Prozent Ihrer Zeit verbringen Sie damit, Ihren Job gut zu machen, und 20 Prozent damit, darüber zu reden. Vorgesetzte, vor allem männliche, gehen davon aus, dass die, die etwas leisten, auch darüber sprechen. Im Umkehrschluss: Wer schweigt, hat nicht viel zu bieten an Erfolgen und Ergebnissen. Es wird eben nicht nur nach Leistung beurteilt, sondern auch nach Wirkung.

Und dann gibt es da noch das 80:20-Dilemma: 80 Prozent der Frauen wollen Beruf und Familie vereinbaren, aber nur 20 Prozent der Männer wünschen sich eine Partnerschaft, in der die Alltagsaufgaben gleichberechtigt verteilt sind.

GUTER GEDANKE:

> *»Männer sprechen überzeugter und überzeugender von ihren Resultaten. Selbstmarketing ist für Männer einfach Selbstdarstellung, für Frauen richtig Arbeit.«*
> **LOUANN BRIZANDINE**, Neurowissenschaftlerin, Autorin

Gerade im kompetitiven Umfeld eines Großunternehmens, wo viele um wenige Spitzenjobs konkurrieren, bringt Frauen das Dornröschenverhalten – darauf warten, entdeckt zu werden – nicht an ihr Ziel. Für Frauen heißt das, den tief verwurzelten Glauben, dass allein Fleiß und Leistung zählen, über Bord zu werfen und trommeln zu lernen. Wer im »Goldfischteich« der vielversprechenden Führungstalente mitschwimmen will, muss das auch ausstrahlen und auf jeder Stufe aufs Neue signalisieren: »Ich will weiterkommen.« Zehn Schritte für ein erfolgreiches Selbstmarketing finden Sie auch in meinem Buch *Fleißige Frauen arbeiten, schlaue steigen auf – Wie Frauen in Führung gehen.*

GUTER GEDANKE:

> *»Die Männer kamen voran, sie kratzten ständig an den Türen, um neue Herausforderungen, Beförderungen, die nächste große Aufgabe zu bekommen. Die Frauen waren ganz anders.*

Man musste sie zu neuen Aufgaben schubsen, fragen,
ob das nichts für sie wäre.«
SHERYL SANDBERG[26], Chief Operating Officer bei Facebook

Die Bescheidenheitsfalle

Frauen mögen es dezent und bescheiden, möchten in ihrer Leistung und Tüchtigkeit erkannt und anerkannt werden – überschätzen die Fachlichkeit und unterschätzen die Selbstpräsentation. Bescheidenheit ist die andere Seite der Selbstmarketing-Medaille. Wie wir schon festgestellt haben, wird gute Leistung nicht automatisch wahrgenommen oder mit Beförderung belohnt. In einer Umfrage des Bundesverbandes Deutscher Unternehmensberater hielt fast jeder Dritte falsche Bescheidenheit für einen der Top-Ten-Karrierekiller.

GUTER GEDANKE:
»*Eigentlich habe ich dann erst später erkannt, dass man –*
und besonders als Frau – deutlich sagen muss, was man sich
als Nächstes vorstellt.«
BIRGIT BEHRENDT[27], US-Einkaufschefin bei Ford

Selbst ist die Frau Das Prinzip Schule – fleißig sein, gute Noten schreiben und versetzt werden – funktioniert im Berufsleben nicht. Männer gehen von sich aus und erwarten, dass die, die aufsteigen wollen, das klar äußern und in Sachen Karrierevorstellungen nicht schweigen. Umgekehrt heißt das: Wenn Frauen mit ihren Karriereambitionen bescheiden hinterm Berg halten, gehen Männer unterschwellig davon aus, sie wollten gar nicht weiterkommen. Oder ihr Mann werde nicht mitziehen und den Umzug in eine andere Stadt, ins Ausland nicht mitmachen. Und je weniger Frauen im Unternehmen auf einem Chefsessel sitzen, je weniger Männer mit weiblichen Führungskräften vertraut sind, desto mehr müssen Frauen ihre Zurückhaltung ablegen.

Natürlich spielt auch Timing eine Rolle in der Karriereentwicklung. Manchmal braucht man Geduld und die Kunst, auf den richtigen Moment zu warten. Mit Engelsgeduld abzuwarten bringt die Musterschülerin aber nicht ins Management, genauso wenig wie zurückzuzucken: »Ich weiß gar nicht, ob ich schon so weit bin.« Oder zurückzufragen: »Trauen Sie mir das denn zu?« Da geht bei Ihrem Gegenüber gleich die rote Lampe an: »Jetzt, wo Sie das sagen.« Karrierekönnen bedeutet eben auch, sich immer wieder neue Entfaltungsmöglichkeiten zu suchen.

GUTER GEDANKE:

> *»Ich habe es in vier Jahren bei der Telekom nicht geschafft, eine Frau einzustellen. Da bewirbt sich niemand. In meinem Bereich gibt es einfach nicht viele Frauen. Ich glaube auch, dass sie zum Teil gar nicht wollen. Da kann ich nur sagen: Mädels, traut euch.«*
> **ANASTASSIA LAUTERBACH**[28], Ex-Managerin Deutsche Telekom AG

Ein erfolgreiches Gegenmittel: Die eigene Entwicklung selbst in die Hand nehmen und sie nicht »nur« dem Vorgesetzten oder der Personalabteilung überlassen. Sprechen Sie aus, was Ihnen vorschwebt, statt zu schweigen und abzuwarten. Was passiert sonst? Ruckzuck vergehen zwei, drei Jahre, und die lieben Kollegen sind an Ihnen vorbeigezogen. Männer denken immer schon an die nächste Stufe, greifen nach Posten, die ihnen locker eine Nummer zu groß sind. Und mit dieser stabilen Selbstakzeptanz gehen sie ins Bewerbungsgespräch und bekommen prompt den Job. Und mit jedem Sprung erhöhen sie ihr Gehalt. Auch ein Grund, weshalb Frauen in der Gehaltsfrage immer noch hinterherhinken.

An dieser Stelle möchte ich kurz etwas zur bekannten *Gender-Pay-Gap* von gut 23 Prozent sagen, da hier viel in einen Topf geworfen wird. Der Schluss, Frauen verdienten im Schnitt 23 Prozent weniger als Männer, leitet in die Irre und suggeriert, Frauen würden für die gleiche Arbeit generell schlechter – nämlich um 23 Prozent weniger – bezahlt. Das kann im

Schluss mit den Mädchenpreisen

Ernst- und Ausnahmefall vorkommen, wird aber durch diese Zahl nicht belegt. Kurz ausgeholt: Es handelt sich bei der 23-Prozent-Lücke um einen rein statistischen Durchschnittswert mit vielen Struktureffekten und nicht um einen Eins-zu-eins-Vergleich. Erster Effekt für den Unterschied in den Einkommensverhältnissen zwischen Männern und Frauen: Über 50 Prozent der berufstätigen Frauen finden sich in Berufen mit geringem Lohn wie Arzthelferin, Friseurin oder Bürokauffrau. Zweiter Effekt: Viel mehr Frauen als Männer arbeiten Teilzeit, beziehen also gar kein Vollzeitgehalt. (Damit keine Missverständnisse aufkommen: Das ist kein Vorwurf, vielmehr eine rein statistische Erklärung.) Dritter Effekt: Viel weniger Frauen als Männer arbeiten in gut bezahlten Führungsjobs. Die Statistik ist ja bekannt. Diese Effekte bewirken ein Absinken des durchschnittlichen Gehaltsniveaus von Frauen gegenüber Männern. Eine Studie der Beratungsgesellschaft *Hay Group* kommt zu dem Ergebnis, dass Frauen im Durchschnitt 5 Prozent weniger verdienen, wenn ausschließlich gleichartige und gleichwertige Stellen miteinander verglichen werden. Womit ich nicht verhehlen möchte, dass es Tendenzen gibt, gerade Frauen im Gehalt zu drücken. Aber auch hier gilt, zu jedem Spiel gehören immer zwei: einer, der drückt, und eine, die sich drücken lässt. Gehalt hat nicht nur etwas mit Gerechtigkeit zu tun, sondern auch mit Verhandlungsgeschick. Machen Sie Schluss mit den Mädchenpreisen!

Man muss bisweilen tun, wozu man glaubt, noch nicht bereit zu sein

Erfolgsorientiert handeln heißt auch, sich immer wieder gezielt Themen und Aufgaben vornehmen, mit denen man über seine Komfortzone hinausgeht. Angst aktiv angehen und sich trauen! Hinterher stellen wir meistens fest, dass die Furcht vor der Blamage beim Vortrag unbegründet war oder der kleine Patzer in der Präsentation kein Beinbruch. Eine eigene Erfahrung zur altbewährten Managementseminarmaxime »Raus aus der Komfortzone«: Eine Woche kreiste ich um die halbseitige Stellenanzeige auf dem Küchentisch. Telefonierte allabendlich mit guten Freundinnen (der eigene Mann hatte Wichtigeres im Ausland zu tun), die mich allesamt schön in meinen Selbstzweifeln bestätigten: »Mindestens anderthalb Nummern zu groß! Da brauchst du dich gar nicht erst zu bewerben.« Das war nett gemeint und der Gedanke, die Komfortzone nicht verlassen zu müssen, irgendwie auch kuschelig. Den Effekt können Sie sich schon denken: ein Berg an Bedenken und Selbstzweifeln.

Bis mein Mann wieder aufkreuzte: »Wenn du fünf Leute führen kannst, kannst du auch fünfunddreißig führen. Wo ist das Problem?« Ja, wo ist es? Wie weggeblasen. Danke immer noch für den *Wake-up-Call*. Ich habe mich beworben und es hat geklappt. Was nicht heißen soll, dass der Wechsel ein Spaziergang war, im Gegenteil, wie jeder Führungswechsel war auch meiner mit einem enormen *Stretching* meiner Führungsfertigkeiten verbunden. Man begibt sich wieder auf die Stufe eines Berufsanfängers – weniger fachlich, sondern psychologisch. Das muss man aushalten können, nach drei Monaten im neuen Unternehmen sieht die Welt schon anders aus. Dabei habe ich eins begriffen: Sich auf den Weg zu machen wird belohnt. Mutig eine Chance ergreifen, loslaufen, auch wenn man noch nicht in allen Themen sattelfest ist, bringt einen weiter. Man lernt schnell, wenn man muss.

Noch eine Kostprobe aus der heimischen Kommunikation. Lautes Nachdenken meinerseits über den dicken Dienstwagen, »Eigentlich bräuchten wir doch gar kein zweites großes Auto«, kommentierte meine statussicherere Hälfte mit: »Nun komm endlich mal an in deiner Chefposition!« Nun muss man meines Erachtens dieses Männerspiel »Mein Haus – mein Auto – mein Stellplatz« nicht eins zu eins mitmachen, Frauen können sich auch andere Symbole suchen. Ich habe in meinem Büro ein Bild von Katharina der Großen aufhängen lassen (so etwas nicht selbst zu machen, ist übrigens auch statuserhöhend), das war *das* Gesprächsthema und auch hervorragender Smalltalk-Stoff. Abgeguckt habe ich mir das bei Angela Merkel, irgendwo hatte ich gelesen, sie hätte so ein Foto auf ihrem Schreibtisch stehen. Die Frau versteht ja was vom Umgang mit der Macht. »Sind denn diese Äußerlichkeiten wirklich so wichtig?«, werde ich oft gefragt. Ob sie wichtig sind, weiß ich nicht, sie erhöhen im Business auf jeden Fall die Akzeptanz. Wo wir viel-

Statusmerkmale einsetzen

leicht nach der Handtaschenmarke der Kollegin schielen, sind Männer für die Anzeichen der Macht hoch sensibilisiert.

Getoppt wurde meine Lektion in Sachen Status noch von einem Kollegen, mit dem ich auf Geschäftsreise in den USA unterwegs war. Schon während des Fluges schwärmte er mir von den Vorzügen seiner Kreditkarte vor: Upgrades und Sonderbehandlungen ohne Ende. Wer's braucht!, dachte ich. Beim Einchecken kam es dann zum Showdown. Während ich der Hotelangestellten vom Typ »supersweet« meine stinknormale Mastercard rüberschob, legte er lässig seine schwarze Amex daneben. Die Reaktion hinter dem Tresen: »Oh, my God, you must be famous!« Sein Grinsen hätte nicht breiter sein können. Seine Suite, die er daraufhin als Gratis-Upgrade dazubekam (wer weiß, was noch alles), auch nicht. Einer dieser unbezahlbaren Momente, der den vierstelligen Jahresbeitrag allemal wieder wettmacht, muss er sich gedacht haben. Ich wollte unbeeindruckt bleiben von diesem Statusfirlefanz, muss an dieser Stelle aber zugeben, dass ihn auch noch am nächsten Tag im Management-Meeting eine Art Kompetenzaura umgab, die ich vorher so an ihm nicht wahrgenommen hatte. Er zeigte echte Starqualitäten beim Präsentieren. Wozu Kreditkarten alles gut sind. Dennoch: Ich reise weiterhin mit dem Modell Mastercard Gold statt mit der Black Mamba. Man muss nicht alles mitmachen.

Im Ernst, wir können von Männern viel lernen, und Männer auch von uns. Die Krux ist nur, dass man bereit sein muss, etwas dazulernen zu wollen, etwas anders machen zu wollen als bisher. Das geht dem Einzelnen genauso wie Organisationen. Und dann muss man diszipliniert dranbleiben, am Diätprogramm genauso wie am Diversity-Thema. Oder was auch immer Sie an neuen Fertigkeiten, neuen Routinen etablieren wollen. Das Ziel ist wichtig, aber auf dem Weg dorthin zeigt sich, wer bereit ist, auch die notwendigen »Opfer« zu bringen.

In der jüngsten Diversity-Diskussion ist der Aspekt aufgetaucht, dass Männer Frauen einen »Schubs« geben sollten, ihnen sagen sollen: »Halten Sie mal die Präsentation. Sie schaffen das schon.« Es sei an der Zeit, dass Unternehmen aufhören, zu erwarten, dass Frauen endlich ihre Zurückhaltung aufgeben, sich selbst promoten und ins Spiel bringen. Auf eine Kurzformel gebracht, soll das wohl heißen: Frauen haben lange genug versucht, sich zu ändern. Jetzt sind die Männer dran. Auf dem Seminarmarkt in Deutschland ist davon noch nichts zu spüren. Trainings unter dem Oberthema »*Wie man mit Männern erfolgreich spricht*« laufen wie geschnitten Brot. Alles in allem eine schöne Theorie, jemandem auf die Sprünge helfen zu sollen. Die Praxis: Wem es ein Anliegen ist, Menschen zu entwickeln und vor allem Frauen nach vorne zu bringen, wird das so oder so tun. Bevor Sie auf den Karriereschubs vom Boss warten, setzen Sie lieber selbst ein Zeichen. Denn: Wer gute Leute nicht erträgt, dem helfen auch Appelle nicht. Dazu ein gern zitierter Managementspruch, der wohl kaum von ungefähr kommt:

> »*Good people hire good people.*
> *Bad people hire bad people.*
> *Good people fire bad people.*
> *Bad people fire good people.*«

FORSCHUNG & FAKTEN:

Zukunft Personal, Köln, 20.–22.09.2011;
Prof. Dr. Dr. h.c. Lutz von Rosenstiel:

»Frauen haben oft geringere Erwartungen an ihre Karriere und sind generell pessimistischer. Wir haben in unseren Studien gefragt: ›Was glauben Sie, werden Sie einen adäquaten Job finden und Karriere machen?‹ Männliche Studenten schätzen das deutlich optimistischer ein als ihre weiblichen Kommilitonen, obwohl Frauen von den Noten her leicht besser sind als die Männer. Frauen übertragen den aktuellen Status quo auf ihre Erwartungen: Wo sie hinschauen, sind die Vorgesetzten heute Männer. Das führt zu einem geringen Selbstbild – nach dem Motto: ›Das schaffe ich eh nicht.‹«

Die Kommunikationsfalle

Zum kuriosesten Buchtitel des Jahres wurde 2011 *Frauen verstehen in 60 Minuten* gewählt. Das hat sich kein Mann (auch nicht Mario Barth) ausgedacht, sondern die Autorin Angela Troni. Wer auf das 60-Minuten-Versprechen hereinfällt, der meldet sich wahrscheinlich auch zum Speed-Dating oder Power-Networking an. Das Buch ist amüsant und in einer Stunde durchgelesen. Und dann? Mittlerweile wissen wir ja, dass das ein Leben lang dauert und Kommunikation vor allem zwischen den Geschlechtern Glückssache ist.

Verabschieden Sie sich von der Wahrheit Wenden wir uns dem Thema ernsthaft zu. Führung ist eine Managementaufgabe, die sehr stark mit Kommunikation verbunden ist. Man kann auch sagen: Führung ist Kommunikation und Kommunikation ist Führung. Der Organisationspsychologe Niklas Luhmann stellte dazu treffend fest, dass jede Unternehmensentscheidung letztendlich durchs »*Nadelöhr der Kommunikation*« muss. Hier entscheidet sich, ob Kommunikation gelingt oder nicht, ob und was beim Empfänger ankommt, ob wir ihn oder sie erreichen. Wir alle ticken und funktionieren anders, Führungskräfte brauchen deshalb viel Fingerspitzengefühl und Wissen in Sachen Kommunikation. Sie verstehen die Welt nicht mehr? Vielleicht hilft Ihnen ein Prinzip aus der Kommunikationspsychologie, das da lautet: Es gibt in der Kommunikation keine objektive Wahrheit oder Wirklichkeit, sondern nur subjektive Wahrnehmung. Für Sie ist vielleicht etwas *völlig klar*, aber nicht für Ihren Kollegen oder Ihre Chefin. Es gibt immer mehrere Meinungen zu einer Situation und jede davon ist für den Einzelnen *völlig klar*. Was sonst? Deine Sicht der Dinge ist nicht meine Sicht der Dinge. Wir konstruieren uns unsere Wirklichkeit, so die Kernthese des Konstruktivismus. Jeder blickt durch seine eigene »Brille« auf die Welt. Im Coaching verwende ich gerne das berühmte Beispiel vom *Gordischen Knoten*: Alexander der Große hatte offensichtlich eine andere Sicht auf die Dinge als alle diejenigen, die vorher vergeblich versucht hatten, den Knoten zu lösen. Sein Blick war nicht, wie man den Knoten lösen könne, sondern wie der Wagen vom Knoten zu lösen sei. Mit einem Schlag. Der Rest ist Geschichte.

Dieses Konzept muss theoretisch begriffen und dann praktiziert werden. Dabei bestätigt sich wieder einmal: Die weichen Faktoren sind eigentlich die harten. Das Verstehen und Zulassen anderer Ansichten ist die hohe Kunst der Kommunikation. Und nach der Diskussion noch gemeinsam ein Bier an der Bar zu trinken.

Was Frauensprache und Männersprache unterscheidet, dazu ist unendlich viel geforscht und geschrieben worden, was sich zusammengefasst auf den Nenner bringen lässt: Männer wollen sich messen, wollen gewinnen, Frauen wollen gemocht werden. Die einen sprechen Konkurrenzsprache, in der sich alles um »Ich weiß es« dreht. Die anderen Beziehungssprache, in der es vor allem um ein Miteinander auf Augenhöhe geht. Während Männer die Hierarchie mit aufgesetztem Pokerface checken, nutzen Frauen Kommunikation, um eine Verbindung herzustellen, senden entsprechende Signale wie »Mmh«, »Aha«, lächeln, legen den Kopf schräg. Achtung, Kompetenzverlust! Der Wirtschaftsjournalist Jochen Mai drückt das in seiner *Karrierebibel* so aus: »*Männer mögen Machtspiele, Frauen ist das zu blöd.*«

Männer wollen gewinnen, Frauen gemocht werden

Es gilt nicht nur anderes Land, andere Sprache, sondern auch anderes Geschlecht, andere Sprache. Wir sprechen eine Sprache und haben doch jede Menge Kommunikationsbarrieren. Nicht dass die Verständigung innerhalb der Geschlechter immer gelingt, aber manchmal scheint der Verständigungsgraben zwischen Frauen- und Männerwelt am größten. Hier der hierarchische, statusorientierte und direkte Erfolgssprech der Männer (»Ich will die Nummer eins sein«), dort die indirekten, auf Konsens bedachten Sprechmuster von Frauen (»Ich will beliebt sein«). Frauen beziehen andere ein, teilen Informationen, formulieren vorsichtig und fragend, womit sie jedoch auch ihre Statements verwässern. Zwar gilt »*Wer fragt, führt*«, aber eine Aussage fragend zu formulieren oder Fragen zu stellen, sind zwei verschiedene Paar Schuhe.

Der Managementvordenker Peter Drucker selig sagt, dass »*die Führungskraft der Zukunft eine Person sein wird, die weiß, wie sie*

Führen durch Fragen   *Fragen stellen muss«.* Fragen, zuhören, weiter fragen, die Mitarbeiter regelmäßig zu Input und Feedback ermuntern und ihren Wissens- und Erfahrungsschatz anzapfen, das vermissen Umfragen zufolge Mitarbeiter am meisten. Die Realität in den Führungsetagen: Viele Führungskräfte treffen einsame Entscheidungen aufgrund irgendwelcher Vorannahmen, weil sie befürchten, durch Fragen unsicher zu wirken. Und wirken dadurch arrogant. Die Mitarbeiter raufen sich die Haare: »Was das nun wieder soll.« Sie werden als Führungskraft nicht »nur« dafür bezahlt, Antworten zu liefern, sondern auch dafür, die richtigen Fragen zu stellen. Sie kennen sicherlich das Führungsprinzip von Fordern und Fördern. Ich würde das – auf eine Kurzform gebracht – auf vier F erweitern: Fragen. Fordern. Fördern. Feedbacken.

Wen wundert es da noch, dass Untersuchungen zufolge 70 Prozent der Fehler am Arbeitsplatz auf mangelnde Kommunikation zurückzuführen sind. Das hört sich erst einmal gut an: Die offene Tür, das offene Ohr – doch meist steckt hinter diesen Kommunikationsangeboten nicht mehr als ein Lippenbekenntnis. Es wird zu wenig aktiv auf die Leute zugegangen. Im Gegenzug klagen die Chefs: »Von den Leuten kommt gar nichts Wenn man nicht alles selber macht, die ziehen einfach nicht mehr mit.« Die Management-Trainerin Vera F. Birkenbihl selig hat das einmal so auf den Punkt gebracht: *»Wie man als Führungskraft in den Mitarbeiter-›Wald‹ hineinruft, so wird es herausschallen!«* Betrachten Sie Ihre Mitarbeiter manchmal wie Ihre Kinder – nämlich als Spiegel ihres Umfelds. Vielleicht einmal über die Frage nachdenken: »Wessen Mitarbeiter sind das eigentlich?«

Dazu noch eine Erkenntnis aus der Kategorie »Wenn zwei das Gleiche tun, ist es noch lange nicht dasselbe«: Männer, die in der Mitarbeiterführung besonders sozialkompetent sind, werden dafür groß gelobt, Frau bekommen dafür keine Sonderpunkte, von ihnen wird gar nichts anderes erwartet, als mitfühlend und verständnisvoll zu sein. Im Gegenteil, sobald Frauen einen härteren Stil in der Mitarbeiterführung an den Tag legen, werden sie gleich als »unweiblich« oder »gezwungen männlich« angegangen.

Der unternehmensinterne Effekt: Frauen müssten lernen, zu unterscheiden, bei wem sie mit ihrem »natürlichen« Kommunikationsstil punkten können und bei wem nicht. Nach »unten« weiblich kommunizieren, nach »oben« männlich? Dann müsste für Männer dasselbe gelten, nur andersherum. Mein Lieblingsgedanke: Dass Frauen das doppelte Spektrum beherrschen, spricht für sie. Jetzt sollten die Männer beweisen, dass sie veränderungsfähig sind und diesen Sprachspagat auch bewerkstelligen können. Eine schöne Vorstellung, auf deren zügige Umsetzung ich mich aber nicht blind verlassen würde. Die Realität sieht immer noch so aus: Erfolgreiche Frauen wissen, wie man mit Männern spricht, wissen, was funktioniert und was nicht. Umgekehrt gilt das nicht: Der Erfolg der Männer hängt von Männern ab, (noch) nicht von Frauen. Männer, fangt an, umzudenken und dazuzulernen, je eher desto besser. Die Zeiten könnten sich ändern.

Der Erfolg von Männern hängt von Männern ab, der von Frauen auch

In Anlehnung an den Satz des großen Kommunikationspsychologen Paul Watzlawick »*Wir können nicht nicht kommunizieren*« kann man auch sagen: »*Wir können nicht nicht wirken.*« Wir wirken immer und überall. Die Wirkung der geschlechtertypischen Kommunikationscodes: Männer wirken überzeugter von sich und ihren Resultaten und damit auch überzeugender auf andere, während Frauen als zögerlicher und zurückhaltender wahrgenommen werden.

Wir können nicht nicht wirken

Weibliches Kommunikationsverhalten kommt in einer am männlichen Managermodell ausgerichteten Kultur nicht gut an und führt oftmals zu Fehleinschätzung und Unterschätzung der Kompetenzen von Frauen. So entsteht bei Frauen der Eindruck, nicht ausreichend gehört und ernst genommen zu werden. Anderssein bedeutet für Frauen im Männerland Management, Defizite zu haben. Die Unterschiede werden nicht kombiniert, sondern gegenübergestellt. Wenngleich weniger Risikofreude und mehr Überlegtheit mancher Unternehmensentscheidung wahrscheinlich gut täten. Belohnt wird in großen Organisationen aber etwas anderes: wettbewerbsorientiertes, selbstsicheres Auftreten. Durchsetzungsstärke. Entschlossenheit.

Erfolgsorientierung. Und das drückt sich auch in Sprachmustern aus. Oder eben nicht.

Wen wundert es da, wenn die am häufigsten geäußerte Kritik von Männern gegenüber ihrem weiblichen Führungsnachwuchs diese beiden Klassiker sind: »Sie muss lernen, klare Ansagen zu machen.« Und: »Sie delegiert nicht. Sie muss lernen, loszulassen, statt alles alleine zu machen.« Sich nicht zur besten Sachbearbeiterin zu machen, Aufgaben, vor allem die, die nur Arbeit bereiten und ansonsten nicht viel bringen, auch sein zu lassen und andere machen zu lassen, fällt vielen Frauen schwer, ist aber entscheidend beim Schritt in eine Führungsrolle. Das ist auch im Privaten zu beobachten, wie Umfragen belegen. Auch wenn beide Partner berufstätig sind, übernimmt in der Regel die Frau den größten Teil der Hausarbeit. Wer kennt das nicht. Willkommen im Club. Auf dem Gebiet der Haushaltsführung lässt sich das Delegieren bestens lernen. Viel Erfolg!

GUTER GEDANKE:

> *Wenn Männer die Probleme besser verstünden, die im Verborgenen schlummern, wäre ihr Umgang mit Frauen am Arbeitsplatz besser. Aber das ist eine Gratwanderung. Ich verlange keineswegs, dass Männer in Verhandlungen mit Frauen behutsamer vorgehen als in einer Männerrunde oder dass wir Verhandlungsrunden nur für Frauen schaffen.«*
> DAN ARIELY[29], Verhaltensökonom und Autor

Ein Dirigent gibt den Takt an, spielt aber nicht selbst jedes Instrument

Von der wunderbaren australischen Dirigentin Simone Young, die noch bis 2015 als Generalmusikdirektorin an der Hamburgischen Staatsoper ihr Können zeigt, habe ich vor einigen Jahren einen Vortrag über die Kunst der Führung gehört. Ihre Botschaften lauteten in etwa, dass Dirigieren im Kern nichts mit Macht zu tun hat, der Dirigent aber gleichwohl formen und gestalten muss, was die Musiker ihm anbieten. Sie gäbe den Takt vor, ihre Mitarbeiter beherrschten die Instrumente. Aber wie Sie den Takt vorgeben, davon hängt es ab, wie Ihre Leute mitspielen. Wenn wir im Bild der Dirigentin bleiben, wird auch deutlich, wie wichtig Delegieren ist. Sie müssen nicht alles können und wissen. Wichtig ist, dass Ihre Mitarbeiter die Instrumente beherrschen und Sie daraus ein großes Ganzes machen. Lassen Sie Ihren Spezialisten ihre Spezialgebiete. Am Ende zählt das Gesamtergebnis und dafür sind Sie verantwortlich. Und wenn Sie glauben, Ihre Leute beherrschten ihr Aufgabengebiet nicht, dann schauen Sie, ob und wie Sie sie entwickeln können. Aber eins muss auch klar gesagt werden: Man kann nicht jeden entwickeln. Aufs Orchester bezogen waren es, glaube ich, die Streicher, die man trainieren kann, Bläser müsse man dazukaufen. Zu erkennen, dass jemand seinen Job nicht erfüllt, gehört auch zum Führen.

Machen Sie nicht den Fehler, sich an der Quadratur des Kreises versuchen zu wollen. Bei sich nicht und auch nicht bei Ihren Mitarbeiterinnen und Mitarbeitern. Keinem liegt alles. Entdecken und entwickeln der eigenen Stärken und Talente und der Ihrer Leute ist oberste (Selbst-)Führungsaufgabe. Sollten Sie in Ihrem Unternehmen nicht durch solche Testverfahren geschleust werden, sprechen Sie es bei Ihrem Vorgesetzten oder Personalverantwortlichen an. Der Personalbereich sollte in der Regel einen Überblick über unterschiedliche Instrumente haben. Ansonsten kann ich das Buch *Entdecken Sie Ihre Stärken jetzt!* von Buckingham & Clifton empfehlen, das gleich eine Identifikationsnummer mitliefert, um den vom Gallup-Institut entwickelten *Strengths-Finder-Test* online auszufüllen.

Keinem liegt alles

Kommunikation ist die Königsdisziplin im täglichen Miteinander und es geht dabei nicht darum, Unterschiede im Geschlechterdialog glatt zu bügeln, sondern sie sich bewusst zu machen, Wissen darüber zu vermitteln, andere Kommunikationsstandards wertzuschätzen und zu berücksichtigen. Wir sollten uns davor hüten, den einen Sprachstil durchweg besser oder schlechter zu bewerten als den anderen und männliche Eigenschaften ausnahmslos als negativ einzuordnen, weibliche als uneingeschränkt positiv. Im Prinzip müssten Männer wie Frauen »zweisprachig« werden.

Nicht 24 Stunden am Tag im Männer-Modus kommunizieren

Derzeit strömen neue Trainingsformate aus den USA unter dem Oberbegriff *Gender Collaboration Trainings* auf den deutschen Markt. In gemischten Trainingsteams sollen Frauen und Männer für die Sprachcodes des anderen Geschlechts sensibilisiert und trainiert werden. Der Kommentar eines Mannes, ganz Manager, der seinen Namen nicht in meinem Buch lesen will: »Was soll das bringen?« Das ist die typische Frage im erfolgsorientierten Management. Spontan noch eine Idee, die Sie bitte nicht ganz ernst nehmen: Wie wäre es mit einer Art Diversity-Dolmetscher im Unternehmen, der oder die sowohl das männliche als auch das weibliche Vokabular beherrscht? Um nicht falsch verstanden zu werden, ich bin schon der Meinung, dass Bewusstheit der Schlüssel ist und auch Männer in der Gender-Sache etwas tun müssen. Bis heute haben sich ausschließlich ganze Generationen von Frauen unaufhörlich abgemüht, die männliche Kommunikationskultur genauso wie die herrschenden Karrierespielregeln zu verstehen und ihr eigenes Verhaltensrepertoire schrittweise zu erweitern. Manche haben ihren Weg gefunden, sich mit entsprechender Meetingmunition gerüstet, manche entnervt das Handtuch geworfen: »Dieser Arroganzverein. Nicht mit mir!« Von den Männern keine Spur. Vermutlich fehlt ihnen bislang die Motivation, schlichtweg aus dem Umstand heraus, dass sie viele sind im Management und sich dort in ihrer Sprache und auf einem ihnen bekannten Terrain bewegen.

Es ist gut, wenn neue Wege begangen werden. Bis sie Wirkung zeigen, müssen sich Frauen im Management heute immer noch im Klaren darüber sein, dass die meisten Männer um sie herum anders denken, sprechen und handeln. Sich und ihre Fähigkeiten gern überschätzen, während Frauen sie unterschätzen. Wir Frauen sind immer wieder verblüfft, wie Männer sich wortgewaltig in Szene setzen, was sie alles können, wen sie alles kennen, und sich Fähigkeiten zuschreiben, von denen sie kaum eine Ahnung haben dürften. Dafür Mut zur Lücke: »Das kann man(n) sich doch aneignen.« Und das ist in der Tat so. Man muss nicht alles können, man muss nur bereit sein, es zu lernen.

»Frauen neigen mehr dazu, Themen zu wiederholen, die schon da sind. Im Zweifelsfall ist es aber auch wichtig, ein neues Thema zu setzen und sich Gehör zu verschaffen. Mit mehr Durchsetzung. Das müssen sie schon. Sonst werden sie nicht wahrgenommen.«

ANDREA SCHAUER[30], Geschäftsführerin Playmobil

Chefsprache spricht derjenige, der eigene Akzente setzt, eigene Themen einbringt und nicht nur die Themen der anderen weiterzuentwickeln hilft. Und sich dann wundert, wenn jemand anders das Thema besetzt und der eigene Name im Zusammenhang damit nicht erwähnt wird. Der Rat einer meiner Mentorinnen: »Selber schuld, wenn Sie dem immer Ideen liefern. Einfach mal die Klappe halten.« Hat funktioniert.

Die Geschlechterverhältnisse im Management haben zweifelsohne dazu geführt, dass einige Frauen, die es nach oben geschafft haben, männliche Sprachcodes adaptiert haben. Was blieb ihnen auch anderes übrig? Die Minderheit hat sich der Mehrheit angepasst. Zurzeit wird geprüft, inwieweit man den Hebel jetzt bei der männlichen Mehrzahl ansetzen kann, um die Verhältnisse zu verbessern. Ich bleibe bisweilen pragmatisch: Wir können ewig hoffen, dass sich etwas verändert, oder bei uns selbst anfangen. Entscheidend ist dabei, flexibel zu bleiben und situationsgerecht umschalten zu können, so wie Sie im Business problemlos zwischen Deutsch und Englisch wechseln. Sie müssen ja nicht 24 Stunden am Tag im Männer-Modus kommunizieren, ihn ab und zu dosiert einzusetzen, das ist die Kunst. Tipp: Das System kapieren, aber nicht unkritisch kopieren.

Die Verantwortung liegt auf beiden Seiten

Und dann versuchen, etwas zu verändern. Das klingt gefährlich? Das ist es auch, noch gefährlicher ist aber das Nichtausüben von Einfluss und – sprechen wir es aus – von Macht, das die Harvard-Business-School-Professorin Rosabeth M. Kanter so schön als eins der letzten *dirty words* bezeichnete. Wenn Sie der Meinung sind, dass das Führungs-Kommunikationsverhalten im Unternehmen am Boden liegt, warten Sie nicht auf breit angelegte Führungsschulungen – auch die garantieren keine Veränderung –, gehen Sie als Vorbild voran. Suchen Sie Gleichgesinnte, überlegen Sie, wie Sie Ihre Themen auf die Agenda bringen. Zu glauben, Sie könnten doch nichts ändern in Ihrer kleinen Teamleiterrolle, ändert auch nichts. In seinem eigenen Einflussbereich anzufangen ändert mehr, als Sie denken. Bringen Sie die Frauen und Männer zusammen, die an der Führungskultur etwas ändern wollen. Auch unter den Männern gibt es immer welche, die sich ein anderes Führungsverhalten wünschen, die auf Ihrer Seite stehen. Wie sieht es aus mit Ihrer Handlungsbereitschaft?

Boardroom-Behaviour In Frauenrunden ginge es kenntnisreich und zivilisiert zu, heißt es gerne. Dass Frauen die Dinge stärker hinterfragen, weniger ihre eigene Karriere im Kopf haben, wird als positiv und wünschenswert beschrieben. »Das brauchen wir statt Testosteron!«, hieß es in Hochphasen der Krise. Nur bitte nicht im eigenen Boardroom, da kann das schnell kippen, da möchte Mann nicht mit unangenehmen Fragen konfrontiert werden. Wenn entschieden ist, ist entschieden, auch wenn nicht alles an der Entscheidung nachvollziehbar ist. Wie ein Klient einmal meinte: »Ein bisschen Dreck muss man fressen auf dem Weg nach oben.« Der schmeckt den wenigsten Frauen, sie tun sich schwer damit, nicht verständliche Entscheidungen zu akzeptieren. In der Kommunikationsatmosphäre eingeschworener Männerbünde muss sich erst einmal positioniert und profiliert werden. Sich schnell den gemeinsamen Themen zuzuwenden funktioniert nicht, solange die Rangordnung nicht eindeutig geklärt ist. Kommunikationswissen scheint dort weitgehend unbekannt. »*Nicht das Rauf und Runter entlang der Dienstwege, sondern ein Hin und Her zwischen vielen Knotenpunkten ist erforderlich, um konstruktiv und positiv zusammenzuarbeiten.*« (Paul Watzlawick)

Eine eigene Erfahrung, als ich mich einmal für die Einzelposten eines nicht ganz kleinen Kostenblocks einer neuen Marketingidee meines Kollegen interessierte: »Mein Gott, müssen Sie immer auf den Details rumhacken?« Oder wie es einer Klientin widerfuhr: »Müssen Sie immer diese Fangfragen stellen?« Das war gar nicht ihre Absicht, kam aber so an. Der Kollege befürchtete offenbar, dass dadurch sein Ansehen beim Vorgesetzten leiden könnte. Meine Erfahrung aus fünfzehn Jahren Konzernkarriere: Männer brauchen mehr Anerkennung, als Frauen gemeinhin denken. Ich weiß, es klingt feige, ist es aber nicht, es ist klug, manche Dinge besser im Vier-Augen-Gespräch zu klären, als sich vor versammelter Mannschaft ein Wortgefecht zu liefern. Eine gute Dosis Diplomatie gehört auch zum Karrieremachen – vor allem im Konzern. Zu wissen, wann man sich zum Kampf rüsten und wann man sich wegducken muss. Drüberstehen ist auch eine wirkungsvolle Strategie.

Von Frauen kommt hier oftmals der Einwand: »Ja, aber, wieso soll ich mich zurückhalten, wenn mir etwas auffällt? Ich will mich schließlich nicht verbiegen.« Man soll doch authentisch sein. Meine Erfahrung: So leicht verbiegt man sich nicht, vor allem dann nicht, wenn man es bewusst macht, wenn man bewusst umschaltet. Auf die innere Haltung kommt es an: Will ich es mir leicht machen oder ewig kämpfen? Tipp: Ja zu Authentizität, aber Achtung vor taktisch unkluger Selbstpreisgabe. Sie müssen nicht – übertrieben selbstkritisch – alles auspacken, was gerade nicht so gut läuft.

In einem Coaching haben meine Klientin und ich den Begriff »Auf Diplomatenbesuch gehen« geprägt, wenn sie ihre Einwände bei Kollegen oder Vorgesetzten loswerden will. Wenn Sie sich gar nicht mit solchen Strukturen anfreunden können oder wollen, sollten Sie überlegen, ob Sie nicht in einem kleineren oder mittleren Unternehmen besser aufgehoben sind oder Ihr eigenes gründen. Denn je größer das Unternehmen, desto vielfältiger sind die Verflechtungen und Machtstrukturen.

Eine andere Boardroom-Beobachtung: Die meisten Frauen bringt es schnell aus dem Konzept, wenn sie von Männern mit Einwänden attackiert werden. »Die Zahlen stimmen doch überhaupt nicht«, fällt der Kollege aus dem Vertrieb der Controllingchefin ins Wort. Jetzt heißt es, diese Behauptung

Kompetent mit Killerphrasen umgehen

zunächst als bloße Behauptung, als Killerphrase zu erkennen und nicht gleich einzuknicken. Er tritt in Konkurrenz, will sich in Szene setzen, Sie testen oder die Oberhand gewinnen. Den eigenen Stuhl sichern, Ihnen in die Suppe spucken. Das sind keine schönen »Spiele«, aber sie werden gespielt. Mit Ihren Zahlen hat das in der Regel gar nichts zu tun. Ihm ein »Geht's noch?« an den Kopf zu schleudern, klingt verlockend, geht aber in der Unternehmenswelt nur ganz selten gut. Die erste Grundregel heißt: Den Köder der versuchten Abwertung nicht schlucken, sondern professionell reagieren!

♦ *Überhören:* Die Bemerkung ignorieren und elegant an sich abprallen lassen. Strategisch schweigen. Schließlich können Sie sich auf Ihre Kompetenz verlassen und fangen nicht gleich an, an sich selbst zu zweifeln. Nicht zu reagieren klingt eigentlich nach einer ganz einfachen Reaktion, fällt vielen Menschen aber sehr schwer. Sie bekommen den Anflug von Unsicherheit nicht in den Griff, lassen sich auf die Diskussion ein und erkennen das Ablenkungsmanöver, das eigentlich dahintersteckt, nicht oder nicht rechtzeitig. Jemand – und das sind meistens Neulinge, egal ob Frau oder Mann – soll zurechtgestutzt werden.

♦ *Rückfrage stellen:* Wird der Einwand wiederholt oder hakt der Chef ein: »Frau Schneider, was ist nun mit den Zahlen?«, müssen Sie sich äußern. »Wieso?« ist da ein ganz hilfreiches kleines Wörtchen, um sich Luft zu verschaffen. Vorausgesetzt, Sie sprechen diese Minimalantwort gelassen und freundlich-interessiert aus. Auf keinen Fall den Angreifer anschnauzen: »Wieso!« Jetzt ist er am Zug und Sie haben Standing bewiesen, das verschafft Ihnen Respekt – auch bei den anderen Sitzungsteilnehmern. Beim nächsten Mal wird man sich gut überlegen, ob man das Vorführspiel noch einmal mit Ihnen spielt. Das ist eher unwahrscheinlich. Und wenn der Kollege fortfährt, andere Zahlen aus dem Hut zu zaubern, dann beenden Sie die Diskussion freundlich, aber bestimmt damit, dass Sie äußern, von der Richtigkeit der Zahlen überzeugt zu sein, und jetzt fortfahren möchten, später seien Sie gern bereit, mit ihm noch einmal in die Zahlen einzusteigen.

◆ *Absichtlich falsch verstehen:* »Ja, ja, die Zahlen stimmen.« Dabei haben Sie die offene Handfläche leicht in seine Richtung gehoben. Weitermachen im Text. Drehen Sie den Spieß um, verwirren Sie den Störenfried, statt sich verwirren zu lassen. Ein zweiter Anlauf? Unwahrscheinlich.

Keine Frage, dermaßen kompetent mit Killerphrasen, Kompetenzgerangel oder auch Kränkungen umzugehen, das braucht Mut und Übung. Was sich beim Lesen einfach anhört, ist in der Praxis das ganze Gegenteil, weil es auch hier um eingeschliffene Muster geht, um Muster, die wir zunächst durchbrechen und dann durch andere ersetzen müssen. Suchen Sie gezielt nach starken Sätzen, die zu Ihnen passen.

GUTER GEDANKE:

> *»Eine Fähigkeit der Frauen ist, zu erkennen, dass das Verhalten der Männer nichts mit ihnen zu tun hat. Und sie müssen lernen, damit umzugehen. Möglicherweise wird hier auch eine andere Art von Sprache gefordert sein. Wer das nicht erkennt, kann demoralisiert, defensiv oder aggressiv werden. Ich denke, dass wir als Frauen nicht gut sind, wenn wir emotional, aggressiv oder defensiv sind. Wir müssen das wirklich schnell lernen.«*
>
> **LESLEY ANNE KNIGHT**[31], Internationale Direktorin der Caritas

Starke Sätze fallen einem nicht ein, wenn das Gehirn in den Fluchtmodus schaltet. Blackout. Das geht uns allen so. Solche Sätze muss man sich erarbeiten. Ein Sparringspartner, ein Coach, ein Mentor, die gute Freundin oder der Partner können dabei helfen. Solche gemeinsamen Gedankenspiele machen Spaß. Auch Gesten, ein Blick, alles Nonverbale entfalten eine enorme Wirkung. Positiv wie negativ – Pokerface oder liebes Lächeln. Letzteres sieht garantiert gut aus, nur über den Kompetenzverlust, den Sie dafür kassieren, dürfen Sie sich nicht wundern. Werfen Sie einem Kollegen, der Sie mit Macho-Sprüchen regelmäßig auf die Palme bringt, beim nächsten Mal eine Kusshand zu, statt sich zu echauffie-

Reaktionen verbal und nonverbal vorbereiten

ren. Oder ziehen Sie wortlos die Augenbraue hoch. Kleine Gesten, große Wirkung. Ihm werden ziemlich bald seine verbalen Ausrutscher vergehen, weil *Sie* nicht mehr darauf einsteigen, ihn nicht »einladen«, nachzulegen, sich nicht abwerten lassen. Eine gute Vorbereitung ist immer noch die halbe Miete. Trotzdem: Alles Trainieren und Probehandeln kann »nur« Trockenübung sein. Ausprobieren und experimentieren müssen Sie dann alleine. Vieles ist veränderbar, aber nicht auf Knopfdruck.

Die »Kusshand« habe ich bereits selbst getestet – quer über den Konferenztisch, als mich ein Marketingkollege (für die meisten Vorgesetzten oder Kunden ist die Kusshand nicht geeignet) wieder einmal unter der Gürtellinie treffen wollte: »Barbara, was hast du heute Morgen eigentlich gefrühstückt, das ist doch blanker Unsinn.« Mein Einsatz. Natürlich nicht, ohne ihn vorher zig Mal zu Hause vorm Spiegel geübt zu haben. Trotz Trockentraining war ich froh, dass ich saß (wegen der Knie, die zitterten), aber ich muss heute noch schmunzeln, wenn ich an sein Gesicht und das verhohlene Grinsen der Drumherumsitzenden denke. Der Schuss saß. Eine persönliche Sternstunde. Nicht nur, weil man den anderen in die Schranken gewiesen hat, sondern weil man selbst seine eigene Begrenzung durchbrochen und anders als sonst reagiert hat. Immer dann passiert persönliche Weiterentwicklung, wenn es uns gelingt, das Gegenteil von dem zu machen, was uns zuerst in den Sinn kommt: die Wutmail nicht abzuschicken, zuzusagen zur Rede statt abzusagen, die Bergpredigt nicht zu halten, sondern mit einem gedanklichen Wisch-und-weg weiterzugehen.

Sagen, was geht, nicht, was nicht geht

Frauen denken mit, Männer denken vor. Für Frauen zählt der Prozess, für Männer das Ergebnis. Achten Sie bei Männern darauf, wie sie über laufende Projekte sprechen, insbesondere im großen Kreis, in der wichtigen Strategiesitzung: Das Projekt läuft bombig. Ihnen dreht sich der Magen um, wenn Sie an all die Knackpunkte denken, bei denen die Deadline kurz vorm Kippen ist. Das bleibt unerwähnt. Wichtig ist schließlich, was hinten herauskommt, und zu demonstrieren, dass man alles im Griff hat. Darüber kann man sich aufregen oder man spielt mit. Ihre

Entscheidung. Typische Situation: Sie verspäten sich zur Sitzung oder können den Abgabetermin nicht einhalten. Wozu neigen die meisten Frauen? Sie entschuldigen sich wortreich, statt sich kurz zu fassen, wickeln sich verlegen um Türklinken, statt schnurstracks auf den freien Platz zuzusteuern, oder legen den Fokus unnötigerweise auf die 3 Prozent, die nicht funktionieren, statt auf die 97 Prozent, die gut laufen. »*Only bad news are good news*«, das Prinzip sollten Sie den Medien überlassen, Unternehmen wollen gute Nachrichten verbreiten, Ihr Chef, der den nächsten Karrieresprung anstrebt, auch. Deshalb reagiert er vielleicht so empfindlich auf Ihre Bedenken bei dem Projekt, die Sie letztens in hochrangiger Runde geäußert haben. Eine heikle Angelegenheit, die auch dazu führen kann, dass der Spieß umgedreht wird: Wenn zu viel »nicht geht«, bleibt davon immer etwas an Ihnen hängen und Sie erwerben sich schnell ein Image als Blockierer und Bedenkenträger, das Sie nicht attraktiv für andere macht. Bevor Sie jemanden öffentlich abkanzeln, sollten Sie sich das gut überlegen. So etwas wird genüsslich herumerzählt, und das nicht zu Ihrem Vorteil. Es macht Sie für viele – insbesondere für Männer – unberechenbar. Das ist keine gute Ausgangssituation für den Aufstieg.

Dann ist da noch das Prinzip der sich selbst erfüllenden Prophezeiung. Sie erinnern sich, worauf wir uns konzentrieren, das kann schnell zum erwarteten Resultat führen. Positiv wie negativ. Das Phänomen ist auch als *Pygmalioneffekt* bekannt und wurde in mehreren Studien an Schülern belegt. Schüler zeigen so gute oder schlechte Leistungen, wie es ihre Lehrer von ihnen erwarten. Die Erwartungshaltung der Lehrer wird unbewusst auf die Schüler übertragen und prägt so das Bild, das sie von sich selbst haben und zu dem sie letztendlich werden. Ein positives wie negatives Selbstbild führt irgendwann zur Bestätigung. Das gilt auch für die Karriere.

Wunder gibt es immer wieder

Wir strahlen mehr von unseren Wünschen und Zielen nach außen aus, als wir gemeinhin glauben. Ich habe Menschen – um genau zu sein Männer – kennengelernt, die sich sehr früh in ihrem Karriereverlauf vorgenommen haben, sie wollten Vorstand werden, und sie sind es auch geworden. Auf meinem Radar war das nicht. Chefin wollte ich schon sein, aber ich habe rückblickend nicht groß genug gedacht. Damals wusste ich noch zu wenig von Zielen und ihrer Wirkung. Das hat sich geändert. Meine letzte Zielformulierung hieß: eine erfolgreiche Autorin werden und für mein Managerinnenherz, das immer noch in mir pocht, einen Posten im Aufsichtsrat ergattern. Das hat beides geklappt. Alle anderen »Umwege« davor waren eher das Resultat der Rubrik »Reingerutscht«. Und wie sieht Ihr persönliches Karrierestatement aus?

Männer wollen Fakten, keine Erklärungsversuche

Der Chef ruft an, will wissen, wann er die Zahlen auf dem Tisch hat. Starten Sie souverän: »Herr Müller, in einer Stunde haben Sie den Bericht, ich bin gerade dabei, die Zahlen zusammenzustellen.« Entschuldigen Sie sich nicht dafür, was und wer Ihnen alles dazwischengekommen ist, dass Ihr Kind heute Morgen Zahnweh hatte, der Bus Ihnen vor der Nase davongefahren ist oder der Kollege wie immer verspätet geliefert hat. Die Verantwortung anderen aufs Auge zu drücken, das haben Sie nicht nötig. Sie sind da und dran an Ihren Themen und das sollten Sie deutlich durchblicken lassen. Nichts anderes.

»Da kennen Sie meinen Chef nicht, der reißt mir den Kopf ab«, so eine aufgebrachte Klientin. Ich weiß, es klingt pathetisch, aber auch dazu gehören zwei. Beim Schildern der Situation stellte sich heraus, dass Frau Bergmann, noch bevor der Chef nachfragte, wo sie oder irgendwelche Berichte bleiben, quasi in vorauseilendem Gehorsam zu ihm ging und die voraussichtliche Verzögerung umständlich erklärte und sich entschuldigte. Wozu? Männer wollen Fakten statt einen Wortschwall endloser Erklärungen, Annahmen, Möglichkeiten, was alles sein könnte. »Diese Erklärungsorgien von Frauen, zum Wahnsinnig-Werden«, so einer meiner Klienten.

Wir überlegten andere Verhaltensweisen. Frau Bergmann tat sich schwer, ein anderes Vorgehen überhaupt in Betracht zu ziehen. Mal war beim Chef Hopfen und Malz verloren, mal konnte sie so etwas doch nicht machen. »Ich kann nicht«: die Maximalblockade. Wir haben alle unsere Brillen auf und sind blind für andere Blickwinkel. Wir machten Rollenspiele, überspitzten, lachten, übten weiter. Frau Bergmann verfiel noch zweimal in ihr altes Muster, dann zog sie innerlich den Schlussstrich darunter. Sicherheitshalber stellte sie die Zahlen pünktlich zusammen, lieferte sie jedoch nicht beim Chef ab, sondern wartete. Zehn nach zwei. Nichts passierte. Zwanzig nach zwei. Kein blökender Chef in der Leitung. Halb drei betrat sie sein Büro: »Die Zahlen – druckfrisch.« Er murmelte geistesabwesend ein »Danke« in seinen Computer. Sie drehte auf dem Absatz um und vollführte ein Jubeltänzchen auf der Damentoilette. Natürlich gab es in der Anfangsphase ab und an noch Zwischen- oder Rückfälle, aber heute ist das kein Thema mehr. Wer auf den idealen Chef, die ideale Chefin wartet, kann unter Umständen sehr lange warten. Problemchefs und auch -chefinnen trifft man öfters.

So weit einige »typische« Beispiele aus der zwischenmenschlichen Bürokommunikation. Ohne Anspruch auf Vollständigkeit, versteht sich. Sie haben vielleicht den arroganten Besserwisser im Büro oder den scharfen Denker, der sich mit Kritik wichtig machen will (das Reich-Ranicki-Prinzip), den Kollegen, der Ihnen wichtige Informationen vorenthält, die Primadonna, die immer eine Extrawurst braucht, die Dauereinmischerin, die zu jeder Diskussion etwas beisteuern muss usw. Beherzigen Sie eine Grundregel: Wir können andere Menschen nicht ändern, nur uns selbst. Soll heißen: Lernen Sie, anders damit umzugehen, statt sich aufzuregen, sich zu ärgern oder an sich zu zweifeln. Schalten Sie das innere »Programm« ab.

Wir entscheiden, wie wir behandelt werden wollen

Das geht nicht von heute auf morgen, aber wer versteht, dass solches Verhalten wenig bis nichts mit ihm selbst zu tun hat, sondern mit dem Sender, den lässt das irgendwann kalt und er stellt fest, dass sich diese Menschen andere »Opfer« suchen. Probieren Sie es mit der Haltung: Wer mich beleidigt, ärgert, kränkt usw., das kann ich nicht beeinflussen, aber wie ich damit umgehe, sehr wohl. Schalten Sie von *Flop* auf *Top*. Es lohnt sich, denn kommunikative Fähigkeiten entscheiden heute mehr denn je über Ihren Erfolg im Beruf.

»So einen Quatsch habe ich ja seit Jahren nicht mehr gehört.« Hand aufs Herz: Wem rutscht bei diesem Satz das Herz nicht in die Hose? Meine Klientin war nahe am Kollaps – verständlicherweise – und mit ihrem Selbstbewusstsein am Boden. Innerlich tobten die Rachegelüste. Jetzt bloß nicht den Emotionen freien Lauf lassen und sich in Teufels Küche bringen. Und wenn Ihnen die Pferde durchgehen, dann verewigen Sie sich bitte nicht auf einer Mailbox, das haben wir aus aktuellem Anlass nun hinreichend gelernt.

Kommunikative Kniffe einsetzen

Mal ehrlich, wer schafft es, bei einer solchen Frontalattacke mitten im Meeting schon den großen Loriot selig hervorzuzaubern: »Ach, was?« Und nach einer kurzen Wirkpause nachzufragen: »Und was genau daran halten Sie für Quatsch?« Die wenigsten. Statt sich aber in Rachefantasien zu suhlen, sollten Sie Ihren Kopf frei machen und umdenken, damit Sie ein solches Stelldichein beim nächsten Mal erfolgreich handhaben. Davon haben Sie mehr. Es kann doch sein, dass Sie gerade eine Superidee präsentiert haben, die dem anderen nicht in den Kram passte. Wäre ihm sonst der Gaul so durchgegangen? Und hier die Fortgeschrittenen-Antwort auf Sätze wie »*So einen Quatsch habe ich ja seit Jahren nicht mehr gehört.*« »*Jetzt übertreiben Sie aber.*« Dabei lächeln Sie locker.

Was ist Ihr Hammersatz?

Ein Blickwinkel, der ungemein befreit. Versuchen Sie es. Viele – und gerade die guten – Ideen werden im Vorwege torpediert. Darauf sollten Sie sich gefasst machen, auch wenn es nicht immer so zur Sache gehen muss wie gerade beschrieben. Für alle Fälle und weil uns Vorbereitung Sicherheit gibt, müssen Sie Kommunikationswerkzeuge bereitlegen: Natürlich ist es stillos und unprofessionell, eine Kollegin so anzugehen, das ist keine Frage. Trotzdem begegnen wir solchen Leuten im Business leider immer wieder. Jeder will Macht ausprobieren, will herausstechen im internen Kräftemessen, will brillieren auf den Bürobühnen. Wer in großen Organisationen nach dem *picture perfect* sucht, verzweifelt eher, als dass er oder sie fündig wird. Tipp: Legen Sie sich eine kleine Kollektion an Minimal-Antworten zurecht und trainieren Sie sich diese an.

Damit bleiben Sie auch bei den harten Kalibern auf Augenhöhe und bestehen den »Kompetenztest«. Meine Hitliste:

»Ach was!«
»Tatsächlich?«
»Sag bloß!«
» Wo denken Sie hin!«
»Jetzt übertreiben Sie aber!«
» Was genau gefällt Ihnen daran nicht?«

Klar, werden Ihnen genug Leute zustimmen, dass der Kollege sich vergaloppiert hat, aber erwarten Sie nicht zu viel Anteilnahme, die Runde schaut auch auf Ihre Reaktion. Hält sie (oder er – auch Männer werden angeschossen) das aus? Sie haben es in der Hand: in die »Als-Frau-hat-man-hier-sowieso-keine-Chance«-Haltung zu gehen und zu resignieren (Achtung, Magengeschwür) oder auf Augenhöhe zu kontern. Die gefährlichste Haltung ist, sich (als Frau) als Mitarbeiter oder Führungskraft zweiter Klasse zu fühlen. Das führt schnurstracks aufs Abstellgleis. Bevor Sie dort landen, kann es erhellend sein, darüber nachzudenken, wer Ihnen laufend ein Bein stellt. Sind es wirklich nur der böse Chef oder die blöde Kollegin? Oder stellen Sie sich selbst ein Bein durch innere Überzeugungen wie: »Da kann man nichts machen. Meine Meinung interessiert sowieso niemanden.«

Was bremst Sie? In meiner Straße hatte vor Kurzem ein neuer Laden eröffnet. Eines Abends schnappte ich auf, wie der Besitzer (!) gerade abschloss und zu seiner Begleitung sagte: »Endlich raus aus dem Drecksladen.« Das Ende vom Lied, Sie können es sich schon denken: Ein halbes Jahr später hat das Geschäft dicht gemacht.

Der amerikanische Autor Adam Bryant hat in seinem Buch *The Corner Office* mehr als 70 Topleader und -leaderinnen interviewt, um so etwas wie die DNA von Chief Executive Officers herauszudestillieren. Zu den fünf wichtigsten Faktoren gehören *battle-hardened confidence* und *forged in adversity*. Übersetzt in etwa: kampferprobtes Selbstvertrauen, gegen

Schlüsselfaktoren für Spitzenpositionen

Widrigkeiten gewappnet, mit allen Wassern gewaschen sein. Karriere und Kampf scheinen dicht beieinander zu liegen. Damit kein falscher oder abschreckender Eindruck entsteht, das vollständige Bild und die drei weiteren Schlüsselfaktoren: *passionate curiosity, team smarts, a simple mind-set.* In etwa: getrieben von Neugier und Wissensdurst, soziale Kompetenz, Leithirsch-(nicht Hammel-)Natur, gesunder Menschenverstand, kommt ohne Umschweife zur Sache, macht sich nicht unnötig den Kopf über irgendetwas.

So, jetzt wissen wir, aus welchem Holz Vorstände geschnitzt sein müssen. Was ja noch nicht heißt, dass sie es alle sind. Und besonders neu ist das Holz auch nicht. Ohne das untersucht zu haben, reines Bauchgefühl: *Passionate curiosity* und *team smarts* haken Sie ab, die anderen Skills wecken – wie bei fast allen Frauen – wahrscheinlich Widerstände. Willkommen im Club!

Weibliche und männliche Kommunikationsstile im Überblick

»TYPISCH« FRAU	»TYPISCH« MANN
Beziehungssprache: Zweck der Kommunikation ist Verbindung	Konkurrenzsprache: Zweck der Kommunikation ist Abgrenzung
Spielt die eigene Autorität herunter	Was zählt, sind Status, Hierarchie, Auftreten
Ist an den Ideen anderer interessiert	Demonstriert offensiv Wissen und Macht
Hört zu	Hört sich selbst gern reden
Wählt schwache Worte, viele Konjunktive	Wählt starke Worte
Formuliert vorsichtig und fragend	Klare Ansagen: formuliert direkt und direktiv
Sagt gern, was nicht geht	Sagt gern, was geht
Lässt sich unterbrechen	Unterbricht andere
Entschuldigt und erklärt sich wortreich	Stellt kurz gefasste Behauptungen auf
Bezieht andere ein, wägt ab	»Keine Götter neben mir«
Fragt, wenn sie etwas nicht weiß	Lässt fragen, wenn er etwas nicht weiß

DIE WIRKUNG	DIE WIRKUNG
Unsicher	Selbstsicher
Traut sich vieles selbst nicht zu und lässt dadurch Zweifel bei anderen aufkommen	Ist von sich überzeugt und überzeugt dadurch andere
Risikoscheu	Risikofreudig
Unschlüssig, durchsetzungsschwach	Entschlossen und entscheidungsfreudig

FORSCHUNG & FAKTEN:

Typisch Frau – typisch Mann? Themeninteressen und Kommunikationsstile von Männern und Frauen, Institut für Demoskopie, Allensbach 2011:

»Nicht nur, was die Gesprächsinhalte angeht, sondern auch in Bezug auf den Kommunikationsstil ist die große Mehrheit von deutlichen Unterschieden zwischen Männern und Frauen überzeugt. Männer gelten als sachlich, direkt, durchsetzungsorientiert und konfliktbereit, Frauen dagegen als emotional, mitteilungsfreudig, als gute Zuhörerinnen und empfindlich gegenüber Kritik.«

Die Beliebtheitsfalle

Im Beruf hat Beliebtheit zweite Priorität. Man muss sich ja nicht gleich unbeliebt machen, wie Konrad Adenauer einmal empfahl, um ernst genommen zu werden. Und man muss sich auch nicht schlecht benehmen, andere beleidigen oder beschimpfen. Ein gut dosiertes Nein reicht schon. Vor allem zu ungeliebten Aufgaben, die in Organisationen immer existieren und die man gerne anderen aufs Auge drückt. Es kann sein, dass Sie bei der Kollegin damit anecken und der

Arbeitsfrieden eine Woche schief hängt, aber lieber vorübergehende Unbeliebtheit als dauerhaft nahe am Burn-out. Gerade an die Menschen, auf die man sich verlassen kann, werden immer mehr Aufgaben weitergereicht, was sich schnell zu einem Teufelskreis entwickeln kann. Eine Klientin formulierte das so: »Ich kann es mittlerweile gut aushalten, gelegentlich nach Ärger zu riechen. Die Männer akzeptieren das.«

An eine Führungs- und Managementposition sind hohe bis unmögliche Erwartungen geknüpft. Dabei gilt die einfache Regel: Je höher die Position, desto höher die Erwartungen. Von immer mehr Seiten werden Forderungen an Sie gestellt. Das Spektrum umfasst Mitarbeiter, Kollegen, drei Chefs oder Chefinnen über sich, Kunden, Lieferanten, Aktionäre, Presse, Banken und nicht zuletzt Familie und Freunde. Die Auflistung muss nicht vollständig sein, sondern soll die Situation von Führungskräften deutlich machen. Wie im Modell der russischen Puppe Matrioschka sind Sie als Führungskraft von einer Vielzahl von Erwartungen und Forderungen hermetisch eingeschlossen. Will man allen Erwartungen gerecht werden, sind Überforderungen programmiert. Da hilft nur eins: sich rechtzeitig wehren mit Worten, nicht mit Waffen, und das »Spiel« beenden.

Ja zu Prestigeprojekten, Nein zu Aschenputtelaufgaben

Aber muss man nicht Zusatzaufgaben und Projekte übernehmen, um aufzufallen, um weiterzukommen? Ja, das muss man, aber man muss nicht alles machen, was an einen herangetragen wird. Auch wenn es gelegentlich davon abhängt, wer etwas von Ihnen will. Durch einen Vortrag auf dem nächsten Marketingkongress auf sich aufmerksam zu machen, ist eine Einladung, zu der Sie nicht Nein sagen sollten, auch wenn erst einmal der Angstschweiß ausbricht. Hier lohnt es sich, Zeit und Energie hineinzustecken, statt zurückzuschrecken. Achten Sie darauf, dass Sie nicht vorschnell Nein zu statuserhöhenden Aufgaben sagen und zu bereitwillig Ja zu Aufgaben, die nur Arbeit machen und von denen Sie selbst nichts haben: kein Lob, keine Anerkennung, keinen Status. Sie strampeln sich ab, nur zeigt das keine Wirkung.

Wie nun dieser unter Frauen verbreiteten Falle entkommen? Das Vorgehen, bestimmte Verhaltensmuster zu knacken, ist immer gleich:

♦ typische Reaktionen auf bestimmte Situationen, auf bestimmte Sätze beobachten;
♦ analysieren;
♦ reflektieren;
♦ nach neuen Lösungsmöglichkeiten suchen;
♦ im Kopf durchspielen;
♦ live ausprobieren
♦ wiederholen, damit sich neues Verhalten dauerhaft festigt.

Betrachten wir die frisch gebackene Einkaufsleiterin Beate Neumann, die sich vor Arbeit nicht retten kann. »Irgendwann muss doch Schluss sein, mein Chef muss doch merken, dass ich kurz vorm Zusammenbruch bin.«

Erlauben Sie sich, Nein zu sagen, sonst tut es keiner

Denkste. Stattdessen der nächste eng terminierte Auftrag vom ignoranten Vorgesetzten. Was sie tun könnte, wollte ich wissen. »Wieso ich?«, fragte Frau Neumann erstaunt. Der Coachingprozess nahm seinen Lauf und dabei muss es manchmal provokativ zugehen, damit der Groschen fällt. »Soll ich mit Ihrem Chef sprechen?«, fragte ich. »Um Himmels willen, der darf gar nicht wissen, dass ich hier bin.« »Dann bleibt alles beim Alten, Sie kippen aus den Latschen, Problem gelöst. Wie lange geben Sie sich noch?«

DENKPAUSE

Die Betriebstemperatur war erreicht und Frau Neumann öffnete sich für neue Blickwinkel. Vielleicht ist der Chef gar nicht so herzlos, sondern nimmt durch ihr Verhalten an, man könne sie noch weiter belasten, sonst würde sie doch signalisieren, dass sie keine Kapazitäten mehr hat. »Meinen Sie wirklich? So hab' ich das noch nie gesehen.« »Wir können natürlich nicht in den Kopf Ihres Chefs gucken, aber wenn Sie ein Gespräch mit ihm führen, könnten Sie mehr davon erfahren, was sich dort abspielt, was die Beweggründe für sein Verhalten sind. Wenn Sie sich darauf einlassen wollen, bereiten wir das Gespräch in der nächsten Sitzung vor.« Sie wollte. Das Ergebnis des Gesprächs in Kürze: »Warum haben Sie denn nicht schon früher was gesagt?«, zeigte sich der Chef besorgt. Von der befürchteten »Kopf-ab-Methode« keine Spur.

Ich nenne das: Annahmestopp signalisieren. Und das rechtzeitig. Wenn wir das nicht selbst tun, ändert sich gar nichts. Manche Menschen gehen so weit, dass ihr Körper sich verweigert, gehen in die innere Kündigung und machen nur noch Dienst nach Vorschrift. Auch ein Verhalten, aber sicherlich keines, mit dem man Karriere macht. Einfluss zu nehmen, Konflikte klar anzusprechen, Konfrontationen auszuhalten, Kompromisse auszuhandeln, das gehört zu den Kompetenzen, die man von einer Führungskraft erwartet. Das heißt aber auch, dass beide Seiten etwas sagen können.

Lieber das Problem behalten als handeln

»Da kennen Sie aber meinen Chef nicht«, lautet häufig der Einwand, »der macht doch sowieso, was er will. Den kann man nicht mehr ändern. Ich bin noch nicht dazu gekommen.« Und so weiter. Was ist Ihr Ausreden-Favorit? Lieber erfinden wir Ausreden, als Einfluss zu nehmen. Die Psychologin Brigitte Roser sagt über Ausreden: *» Wer eine Ausrede verwendet, will etwas Unangenehmes vermeiden. Er möchte Ärger, Vorwürfen, Verurteilung oder Strafe entgehen: Die Ausrede soll seine Schuldlosigkeit belegen. Er will etwas nicht tun, wozu er keine Lust hat: Die Ausrede gibt ihm die Legitimation. Oder er versucht, einem Konflikt zu entkommen.«*

Ich gebe zu, dass es eine Gratwanderung sein kann, grundsätzlich seine Hilfsbereitschaft anzubieten, sich aber nicht für die Interessen anderer einspannen zu lassen. Wer von sich weiß, dass er sich gern überrumpeln lässt (und es gibt bestimmt Mitmenschen, die das spitzgekriegt haben), dem empfehle ich ein wirkungsvolles Hilfsmittel: den Notfallsatz. Die Kollegin macht auf Mitleidstour: »Kannst du nicht noch mal einspringen, mein Kind ...« Der Kollege schmeichelt: »Du kannst das doch am besten.« Er braucht freie Kapazitäten, um heute Abend Imagepflege beim Treffen des Personalerverbandes zu betreiben. Ehe man sich versieht, hat man zugesagt, hat man Arbeit am Hals, für die man überhaupt keine Zeit hat. Und eigentlich wollte man später noch zu der interessanten Veranstaltung und mit den Kollegen netzwerken.

Es allen recht machen zu wollen ist ein weibliches Problem. In Situationen, in denen sich jemand vorm Schreibtisch aufbaut oder in der Leitung hängt, braucht man Bedenkzeit. Meistens reagieren wir jedoch mit Blackout und es fällt uns kein schlagkräftiges Argument ein, womit wir den Kollegen abwimmeln könnten. Mit einem Notfallsatz verschaffen Sie sich die nötige Rückzugszone: »Sorry, im Moment ganz schlecht, melde mich in zehn Minuten.« Und dann überlegen Sie, ob Sie ihm oder ihr den Gefallen tun möchten, was man Ihnen dafür abnehmen kann, wie Sie vielleicht gemeinsam eine Lösung finden. Oftmals reicht ein Teil-Ja. Vielleicht müssen Sie dafür kurzzeitig einen irritierten Blick aushalten, aber was ist das schon gegen das andauernde Gefühl, sich ausgenutzt zu fühlen.

Andere Situation, gleiches Muster: Der Kollege lobt Sie für Ihre Multitaskingfähigkeit: »Kannst du nicht eben noch mal?« Übrigens: Mittlerweile wissen wir längst, dass es weder stimmt, dass Frauen das besser können, noch dass es gut und effizient ist, zu viele Dinge gleichzeitig zu erledigen. Im Gegenteil, es soll sogar ungesund sein, so die neueste Hirnforschung. Gedanke am Rande: Vielleicht hält sich der Mythos von der höheren Multitaskingfähigkeit der Frauen so hartnäckig, weil wir uns darüber freuen, endlich den Männern gegenüber im Vorteil zu sein. Nichts gegen Lob, aber Lobhudelei und die Absicht, die dahintersteckt, sollten Sie durchschauen. Lassen Sie sich davon nicht einwickeln. *Learning*: Widerstehen Sie der Versuchung und bügeln Sie ihn charmant ab: »Komm, das kannst du doch auch.« Oder: »Ach, komm, darin bist du mir doch haushoch überlegen.« Wieso nicht einmal ein besonders großzügiges Kompliment verschenken, wenn Sie damit etwas für sich gewinnen. Entwickeln Sie Ihren eigenen starken Satz und gehen Sie Schmarotzern nicht auf den Leim.

Eine andere erfolgreiche Strategie gegen »Kleinen-Finger-geben-ganze-Hand-nehmen«-Typen: Bieten Sie Tauschgeschäfte an. Haben Sie einem Kollegen aus der Patsche geholfen, überlegen Sie, was er für Sie tun kann. Und bitte nicht bienenfleißig und bescheiden sagen: »Das waren doch nur drei Folien.« Ja, machen Sie Ihre eigene Leistung nur weiter klein, aber beschweren Sie sich bitte nicht, wenn die Belohnung ausbleibt.

Es geht nicht darum, sich zur unbeliebten Chefin oder Kollegin zu machen, sondern sich im Klaren darüber zu sein, dass – um Platon zu paraphrasieren – der sicherste Weg zum Misserfolg der ist, es jedem recht zu machen. Durch persönliche Akzentsetzung gewinnen Sie Selbstvertrauen und Freiraum. Tipp: Notfallsatz formulieren, aufschreiben, einstudieren, damit Sie ihn im Notfall auch parat haben. Sie wissen ja, in Schrecksekunden kommt es schnell zum Blackout in unserem Oberstübchen.

Zusammengefasst: Zu schweigen zahlt sich nicht aus. Sich lieb Kind zu machen zahlt sich nicht aus. Zu allem Ja und Amen zu sagen zahlt sich nicht aus. Weder in barer Münze noch in persönlichem Mehrwert. Der Trend geht zum Teil-Nein. Wenn Sie feststellen, dass Sie wirklich den herzlosen Choleriker als Chef haben, dann hilft es, das frühzeitig zu erkennen und sich umzuschauen, wo Sie Ihr Talent nicht verschwenden. Tschüss, Chef. Manchmal muss man eben Mumm haben.

Ein abschließendes Wort zum guten Ruf: Natürlich ist es wichtig, an der eigenen Reputation zu arbeiten, trotzdem: Sie werden auf Topebene immer mit dem Problem leben müssen, dass sich die Fantasien anderer Mitspieler Ihrer Kontrolle entziehen. Man kann einfach nicht alles kontrollieren, was über einen gedacht und gesagt wird. Das ist Teil des Geschäfts. Wer *everybody's darling* sein will, sollte sich vielleicht auf etwas anderes als Management verlegen. Ich kenne einige wenige Managerinnen und Manager (mich eingeschlossen), die ehrlich über sich sagen, sie hätten die gesamte Bandbreite über sich gehört in der Einschätzung anderer – vom absoluten Überflieger bis zur totalen Pflaume –, und das nicht nur in ein und derselben Company, sondern auch von denselben Leuten. Aus Freunden können Feinde werden, das kommt immer wieder vor.

Sie haben eine klasse Idee, rennen zum Chef und der wimmelt Sie kalt lächelnd ab: »Kommt gar nicht infrage.« Und jetzt? Lassen Sie sich bloß nicht davon einschüchtern, dass Ihr Geistesblitz nicht sofort Anklang findet, sondern treten Sie den geordneten Rückzug an, suchen in Ruhe nach neuen Argumenten und nehmen erneut Anlauf. »Dann eben nicht«, ist keine Einstellung, die Sie weiterbringt. Waren Sie wirklich gut genug vorbereitet, um ihm Ihren Geistesblitz schmackhaft zu machen? Sein Nein muss weder mit Ihnen noch mit der Idee an sich zu tun haben, er hatte vielleicht schlechte Laune, Liebeskummer, wurde gerade vom Oberboss zusammengestaucht oder hat einfach andere Sorgen. Auch Chefs und Chefinnen sind nicht fehlerfrei. Eine Idee an den Mann zu bringen – was sich in diesem Fall sogar wörtlich nehmen lässt – braucht Taktgefühl und Beharrlichkeit. Und gute Vorbereitung, das ist die halbe Miete.

Einmal Nein heißt nicht immer Nein

Wir Frauen sind praktisch veranlagt, fackeln nicht lange herum und kommen in der Problemlösung schnell auf den Punkt. Die Kehrseite: Manchmal verschießen wir zu schnell unser ganzes Pulver. Wir stürmen zum Vorgesetzten (oder zum Kollegen) und erwarten, dass er von der Idee genauso begeistert ist wie wir selbst. Was passiert stattdessen? Er zerpflückt Ihren Vorschlag. Wieso? Sie haben tagelang darauf herumgekaut, er wird überrumpelt. Die Idee ist nicht sein Problem, sondern das Gefühl, unwissend zu sein. Erinnern wir uns an den Kern der männlichen Kommunikation: »Ich weiß es.« Manche Männer belassen es bei einer mürrischen Reaktion, andere fahren alles auf, nur um Ihnen zu beweisen, dass das gar nicht gehen kann. Immer hinter die Motivlage gucken.

Im Land der Ideen: Vorfühlen statt vorpreschen

Eine gute Idee muss gut verkauft werden. Damit das gelingt, setzen Sie sich auf den Stuhl des anderen, schleichen sich an, analysieren seine Interessenlage, fühlen vor: Wer verfolgt welche Absichten? Was könnte ihm oder ihr daran gefallen, was nicht? Wer hat Vorteile davon, wer Nachteile? Was genau ist mein Ziel, gibt es Teilziele? Welche Argumente oder Alternativen fahren Sie auf, wenn der andere Nein sagt? Rechnen Sie damit. Eine Idee kann noch so gut sein, es wird immer eine Pro- und eine Contra-Fraktion geben.

Seien Sie gewappnet mit guten Verkaufsargumenten und mit guten Fragen. Die Einstiegsfrage überhaupt, damit Ihr Gegenüber nicht das Gefühl hat, keinen Einfluss, keinen Entscheidungsspielraum mehr zu haben: »Was halten Sie von …?« Bei anfänglicher Skepsis haken Sie nach: »Was genau gefällt Ihnen nicht daran?« Und falls ihm dazu auch nichts einfällt, steigen Sie mit Humor aus, vertagen das Ganze: »Versteh schon, Sie haben gerade anderes im Kopf.« Ein Vorgesetzter ist auch nur ein Mensch. Wer das nicht mehr sieht und sich ständig einen anderen Boss wünscht, sollte ernsthaft eine Veränderung in Betracht ziehen.

Beliebtheit durch Servicebereitschaft

Eine weitere Form der Beliebtheitsfalle: Frauen fühlen sich zuständig. In Besprechungen eben schnell für Kaffeenachschub oder Kopien zu sorgen, ist für die meisten Frauen kein Problem, auch wenn das eigentlich nicht ihr Job ist. Der Lohn für das Laufmädchen: Beliebtheit. Vor allem Frauen im Berufseinstieg neigen dazu, Assistenzaufgaben zu übernehmen, auch wenn sie nicht die Assistentin sind, sich mit Hilfs- und Servicebereitschaft einzubringen, sich um das Wohlgefühl der Kollegenschaft zu kümmern, statt Aufgaben anzugehen, die ihnen Anerkennung und Achtungserfolge bringen. In den USA gibt es dafür die Redewendung: *»Men take charge, women take care.«*

Schalten Sie auf Servicestopp: Was natürlich nicht heißen soll, dass Sie einem Gesprächs- oder Geschäftspartner keinen Kaffee einschenken oder nicht regelmäßig in der Kaffeeküche vorbeischauen sollten. Und ob, die Kaffeeküche ist ein wunderbarer Kontakthof. Darum geht es nicht und auch nicht darum, dass man sich einen Zacken aus der Krone bricht. Der eigentliche Punkt sind nicht Kaffee, Kekse oder Kopien, vielmehr gilt es, die Leerlaufzeiten besser zu nutzen: präsent sein, sich über die neuesten Entwicklungen im Unternehmen austauschen, von frei werdenden Stellen erfahren, für die eigene Arbeit die Werbetrommel rühren. Und strategisch Platz nehmen im Konferenzraum! Nicht den Springerplatz an der Tür einnehmen, wo Sie gleich wieder aufspringen können, wenn Plätzchen fehlen. Das liebe Laufmädchen lässt grüßen. Wenn Sie sich dort wohlfühlen, beobachten Sie sich selbst: Sind Sie froh, dass Sie gleich flüchten können, sobald das Meeting offiziell beendet wurde? Versuchen Sie es mit einem Sitzplatzwechsel.

Besprechungen sind ja nicht so wichtig, weil es dort immer produktiv oder effektiv zugeht – bei Weitem nicht, das wissen wir alle –, aber was dort zusammenläuft an Informations- und Beziehungsströmen, das gilt es geschickt für sich zu nutzen, statt sich um Kaffee oder Kopien zu kümmern. Erst wenn Sie sich dort blicken lassen, gut vorbereitet versteht sich, und Einblicke in Ihre Arbeit geben, können andere später positiv über Sie reden. Die Wirkung der guten alten Mundpropaganda ist durch nichts zu ersetzen.

Eine Geschäftsführerin erzählte mir kürzlich, dass sie von Anfang an von ihrem Mann darauf getrimmt wurde, ihren Servicereflex zurückzufahren (»zumindest im Business«, wie sie lachend meinte, »abends darf ich ihn dann gerne wieder hochfahren«): »Melde dich nie freiwillig fürs Protokoll und kümmere dich nicht um Kaffee, Kekse oder Kopien.« Der Mann kennt seine Pappenheimer. Wir werden Männern dieses Verhalten kaum abgewöhnen können, wir müssen lernen, diese Rolle nicht anzunehmen.

Servicereflex unterdrücken

Adenauer am Anfang, Adenauer zum Schluss: »*Die einen kennen mich, die anderen können mich.*« Bekanntheit geht vor Beliebtheit.

Die Networkingfalle

Wie heißt es so treffend: Gute Kontakte sind Gold wert, und sie scheinen in der heutigen Berufs- und Geschäftswelt immer wichtiger zu werden. Vor allem die Topjobs stehen nicht in der Zeitung oder im Internet, sondern werden sich gegenseitig über Beziehungen zugeflüstert und auf informellen Wegen besetzt nach dem Prinzip: »Ich kenne da jemanden, der jemanden kennt, der jemanden sucht.« Worum es geht, sind persönliche Empfehlungen und Kontakte, die für Vorurteile der positiven Art sorgen und durch die man frühzeitig von offenen oder frei werdenden Stellen erfährt: »Kennen Sie jemanden für diese Position?« Es gibt Unternehmen, die ihren Mitarbeitern mittlerweile Prämien zahlen, wenn sie Leute anwerben und die empfohlene Person eingestellt wird.

Worum es nicht geht, ist Filz, Vetternwirtschaft, Postenschieberei – um unqualifizierte Leute auf Toppositionen zu hieven. Das mag vorkommen, ist aber die Ausnahme. Damit das klar ist: Sich bewerben, den Interviewprozess erfolgreich durchlaufen, in der Probezeit überzeugen, das müssen Sie natürlich immer noch. Auf Selbstständige übertragen: Dass Sie den Auftrag bekommen, dafür müssen Sie schon selbst sorgen.

Hoch kommt, wer hoch vernetzt ist Netzwerke sind wichtige Erfolgsfaktoren für die Karriereentwicklung. Hier werden Karrierechancen der Mitglieder maßgeblich gesteuert. Natürlich haben auch Frauen die Bedeutung und den Nutzen von Netzwerken im Berufsleben längst erkannt, scheinen sich damit aber schwerzutun oder nutzen Netzwerke noch zu wenig. Eine typische Reaktion bei dem Thema: Keine Zeit. »Wann soll ich denn das noch machen?« »Das hält mich doch von der eigentlichen Arbeit ab.« Andere rümpfen die Nase: »Ich will mich nicht anpreisen wie Sauerbier.«

Womit ich nicht sagen will, dass alle Männer die geborenen Netzwerker sind. Die Flucht in die Sacharbeit liegt etlichen Führungskräften mehr als der kollegiale Smalltalk. Und bei 60- bis 70-Stunden-Wochen ist es ein Leichtes, die vermeintlich unwichtigeren inoffiziellen Meetings, Treffen oder Kaminabende sausen zu lassen. Ein fataler Fehler. Allein auf weiter Flur kommt keiner klar und keiner weiter.

»War gerade wieder bei Merkel.« Wenn Sie diesen Satz fallen lassen können, dann haben Sie es geschafft. »War gerade wieder beim Chef« reicht fürs Erste auch. Wer im *inner circle* angekommen ist, ist kein unbeschriebenes Blatt, der oder diejenige verfügt über ein dichtes, tragfähiges Netz vielfältiger Beziehungen und Informationsquellen, sonst wäre er oder sie wahrscheinlich gar nicht dort. Als Einzelkämpfer schafft es niemand an die Spitze. Wie oft heißt es, wenn ein neuer Spitzenmanager geholt wird: Man kennt sich aus der gemeinsamen Zeit bei XY.

Wie das englische Wort schon sagt, ist *Net-Working* Arbeit und nicht irgendein Freizeitvergnügen nach Feierabend. Damit erst anzufangen, wenn es hart auf hart kommt, ist zu kurz gedacht. Wer sich einen Kreis guter Kontakte aufbauen möchte, muss hingehen zu den Meetings, hinausgehen auf die Veranstaltungen, sich blicken lassen und Extrazeit investieren. Und das regelmäßig. Gerade der Zeitaspekt spielt bei vielen Frauen eine Rolle, vor allem dann, wenn sie Kind und Karriere miteinander kombinieren. All diese inoffiziellen Meetings, Treffen an der Bar, Kaminabende im Hinterzimmer – für die meisten Männer scheinen sie endlos möglich. Oder um mit Woody Allen zu sprechen: »*Part of success is just showing up.*« Und tatsächlich, Sichtbarkeit, Aufmerksamkeit erreicht man oft allein schon durch häufige Präsenz, da muss man gar nicht immer groß etwas Gescheites sagen.

Net-Working ist Arbeit

GUTER GEDANKE:
> *»Netzwerke gelten als etwas außerordentlich Nützliches.*
> *Sie sind Teil des sozialen Kapitals, in das es zu investieren gilt*
> *und das hohe Renditen bringt. Netzwerkfähigkeit ist geradezu*
> *ein Qualifikationsausweis, den Frauen auf den ersten Blick*
> *anscheinend weniger mitbringen als Männer. Ansonsten wür-*
> *de nicht fast gebetsmühlenhaft den Frauen empfohlen, sich*

stärker zu vernetzen, damit sie endlich in die Führungsetagen einsteigen können.«

MARGIT OSTERLOH[32], Professorin für Betriebswirtschaftslehre

Ist Netzwerken nicht auch so eine Modeerscheinung, um die ein großes Bohai gemacht wird, die aber wenig bringt? Ich gebe zu, der Begriff wird reichlich inflationär benutzt und an jeder Ecke werden Netzwerkveranstaltungen angeboten. Bevor wir dorthin blicken, lassen Sie uns das Thema zunächst unternehmensintern betrachten.

Auf der Führungsetage Netzwerkfähigkeit beweisen

Bei der Übernahme einer Führungsposition steht vor allem der zwischenmenschliche Bereich unter Beobachtung, wollen die Menschen um Sie herum sehen, wie Sie kommunizieren und kooperieren. Die Leute haben Fragen über Fragen und horchen sich um:

◆ Wie gestaltet der Neue die Beziehungsarbeit – auch über die Bereichsgrenzen hinaus?

◆ Wie macht die Neue sich bekannt?

◆ Wie versteht er sich mit Mitstreitern?

◆ Gelingt es ihr, sich rasch eine erste Beziehungsbasis aufzubauen und sich Zugang zu Informationen und Personen zu verschaffen?

Machen Sie sich bewusst, dass es als Führungskraft immer wieder Ihre Aufgabe ist, die Beziehungsarbeit zu schultern, auf Mitarbeiter, Vorgesetzte, Kollegen zuzugehen – auch auf die, die Ihnen nicht so liegen. Nicht jeder wird Ihre Beförderung oder Berufung bejubeln. Ist nun mal so. Schwierige Mitarbeiter oder übergangene Mitbewerber, denen Sie vor die Nase gesetzt wurden, links liegen zu lassen, ist ein menschlich verständlicher Impuls (man hat schließlich schon genug um die Ohren), verschärft die Lage aber mit jedem Tag der Nichtbeachtung.

Die meisten Führungswechsler straucheln nicht wegen fachlicher Überforderung, sondern weil sie es versäumt haben, dem Thema Kommunikation von Anfang an ausreichend Beachtung zu schenken. Wenn Sie neu im Unternehmen sind, brauchen Sie schnell ein

Verständnis der neuen Kultur und der Spielregeln, einen **Führungskräfte floppen durch fehlende Netzwerkbildung** Überblick über Abläufe, Projekte, Schlüsselthemen und -personen. Wie ist der Stand der Dinge? Der Dialog mit den unterschiedlichen Personen kreuz und quer durchs Unternehmen hilft Ihnen, die Dinge schneller zu verstehen. Wie war die Vorgängerin? Wie ist die Stimmungsagenda? Wer ist für mich, wer gegen mich? Was läuft aktuell? Was sind die Starbereiche? Die Sorgenkinder? Wo sitzen die einflussreichen Leute, die grauen Eminenzen? (Mit denen sollten Sie sich gut stellen.) Hören Sie sich bei möglichst vielen Menschen aus unterschiedlichen Funktionsbereichen um und schöpfen Sie aus ihren Schatzkästchen der Firmenerfahrung.

Gerade in der Anfangsphase kostet Kontakteknüpfen Zeit, erleichtert aber mittel- und langfristig die Arbeit und die Karriere. Mit flüchtigen Antrittsbesuchen ist es nicht getan. Begeben Sie sich systematisch und regelmäßig auf Erkundungstour und führen Sie in kleinem Rahmen intensive Gespräche mit den unterschiedlichen Ansprechpartnern, um das *big picture* zu erfassen und schneller zu verstehen, wie der Laden tickt. Verzagen Sie nicht, wenn nicht jeder gleich Begeisterung versprüht, Zeit und Lust hat, Ihnen zu helfen. Bleiben Sie charmant dran: »Ich brauche in der Angelegenheit mal Ihren Rat, Ihre Erfahrung.« »Sie sind doch der Fachmann für ...« »Darf ich Sie kurz entführen?«

Auch Männer mögen Lob und Komplimente – auch einmal für ihre Krawatte, aber hauptsächlich für ihr Wissen und ihr Expertentum. »Diese Lobhudelei liegt mir nicht«, ich höre schon die Einwände. Es ist ein schmaler Grat zwischen Einschmeicheln und echt gemeintem Lob. Ich finde nichts Anstößiges daran, jemandem das zu sagen, was er gerne hört. Oder jemandem ein Kompliment zu machen. Anderen Menschen mit »leichter Hand« zu begegnen erleichtert so manche Kommunikation.

Eine Umfrage der Firma *100 Consulting* unter Führungskräften belegt die Bedeutung des Beziehungsmanagements (siehe auch »Forschung & Fakten« am Ende des Kapitels). Als Antwort auf die

Frage »*Was sind die wichtigsten Herausforderungen, vor denen die neue Führungskraft in den ersten 100 Tagen steht?*« wurde das Thema »Veränderungsvorhaben im eigenen Bereich« am häufigsten (58,1 Prozent) genannt. An zweiter Stelle steht der »Aufbau von internen Netzwerken« mit 47,1 Prozent.

Im Übrigen kann ich aus eigener Erfahrung von drei internen und zwei externen Führungswechseln zur Beruhigung zwei Dinge sagen. Erstens: Das Anfangsgefühl, (noch) nicht dazuzugehören, ist zum Davonlaufen, aber es schwindet mit jedem Tag und hat sich nach sechs bis acht Wochen in Luft aufgelöst. Durchhalten. Zweitens: Durch häufigeren Führungswechsel erhöht sich die Führungswechselkompetenz. Auch ein Grund, wieso Führungskräfte mit einer langen Karriere in nur einem Unternehmen nach zehn oder mehr Jahren (ein Phänomen, das sich in der jetzigen Generation junger Führungskräfte praktisch erledigt haben wird) woanders nur noch schwer zum Zug kommen. Die fachliche Frage steht dabei nicht im Vordergrund, sondern die Befürchtung, das langjährige »Konzerngewächs« könne die Kulturumstellung nicht mehr bewältigen.

Erkennen Sie Unterschiede in der Unternehmenskultur: Die alte Kultur ist einem oft schon so in Fleisch und Blut übergegangen, dass man gar nicht auf die Idee kommt, dass es woanders anders sein könnte. In der einen Kultur werden Sie vom Chef »rumgereicht«, zu Meetings mitgenommen. In der anderen bekommen Sie ihn tagelang nicht zu Gesicht und fangen an, sich zu fragen: »Wieso hat er mich eigentlich eingestellt?« Sind Sie in einer »Kümmerer«-Kultur groß geworden, kann das Elfenbeinturm-Verhalten Ihres Vorgesetzten schnell in ein negatives Gedanken- und Gefühlskarussell münden. Dem sollten Sie unbedingt neue Verhaltensstrategien entgegensetzen und bewusst gegensteuern. Er wird sich nicht ändern. Aller Wahrscheinlichkeit nach steckt keine böse Absicht dahinter, sondern er hat schlicht keine Zeit, andere Sorgen oder ihm ist seine Rolle als »Kulturmanager« nicht klar. Sie können über den zu optimierenden Führungsstil klagen oder sich kommunikationsstark zeigen und sich die Informationen, die Sie brauchen, holen.

Von Führungskräften – Frauen wie Männern –, die ich in ihrem Wechsel mit einem *Transition Coaching* begleitet habe, habe ich oftmals gehört, dass sie zwar einen Heidenrespekt vor der fachlichen Herausforderung hatten, dem Punkt »Vernetzung – Schaffen von Informations- und Kommunikationsstrukturen« auf ihrer geistigen Agenda aber zu wenig Raum eingeräumt hätten. Der Dialog darüber hätte das Bewusstsein dafür gestärkt, dass die Bewältigung der fachlichen Aufgaben und der Aufbau des internen Beziehungsnetzes absolut gleichrangig sind. Mit dem Nebeneffekt, dass sie jetzt selbst besser in der Lage seien, neue Führungskräfte, die sie von außen ins Unternehmen holen, in ihr Team zu integrieren. Denn kein Manager hat etwas davon, wenn die Person – Führungskraft oder Mitarbeiter –, die aufwendig rekrutiert wurde, scheitert. Das sollten sich Wechsler klarmachen. Gerade Frauen hat dieser Blickwinkel schon zu einer anderen Einstellung verholfen und dazu, ihre Befürchtungen über Bord zu werfen. Kapseln Sie sich in der Anfangsphase bloß nicht ab, sondern gehen Sie aktiv auf andere zu – auch auf den Chef.

In der Anfangsphase nicht abkapseln, aktiv auf Ansprechpartner zugehen

Karriere braucht einen Kreis breit gefächerter Kontakte. Und die fallen nicht vom Himmel. Gute Beziehungen brauchen Zeit, Pflege, kleine Rituale und vor allem persönliche Begegnungen. Sich erst dann um ein Kontaktnetz zu kümmern, wenn Sie händeringend einen Job suchen, ist zu kurz gedacht. Betrachten Sie Ihre Netze. Dazu gehört Ihr Firmennetzwerk genauso wie Ihr persönlicher Bekanntenkreis. Überlegen Sie, wer Sie im Unternehmen, in der Branche auf dem Laufenden hält, mit wem Sie sich regelmäßig austauschen. Reichen Ihre Beziehungen und Verbindungen oder könnte Ihnen eine Auffrischung in Sachen Netzwerkbildung nicht schaden? Es gibt immer Zeiten im Karriereverlauf, da passiert es, dass wir diesen Agendapunkt aus den Augen verlieren. Wir heiraten, gründen eine Familie, bauen ein Haus usw. Die Einladung des Branchenverbandes – nächstes Jahr. Die Beförderungsfeier der Kollegin – keine Zeit.

Ohne gute Kontakte kommen Sie nicht aus und nicht nach oben

Nur wer rausgeht, kommt rein

Machen Sie eine Netzwerkinventur. Wenn Sie zu dem Ergebnis kommen, Sie müssten Ihre bestehenden Kontakte reaktivieren oder neue dazugewinnen, begeben Sie sich bewusst für einige Monate auf Networkingtour und betreiben Sie konsequent Kontaktmanagement. Statt mit der eingefahrenen Mittagsrunde essen zu gehen, verabreden Sie sich mit dem Kollegen aus dem Controlling, laden die neue Personalchefin auf einen Kaffee ein, gehen auf die Branchenkonferenz, bei der Sie sich seit fünf Jahren nicht mehr haben blicken lassen, organisieren ein Geschäftsfrühstück, streichen das nächste Alumni-Treffen nicht aus dem Kalender, weil der Schreibtisch gerade überquillt.

Goldene Regel für gute Kontakte: Fürs Netzwerken hilft nur, sich Zeit frei zu schaufeln. Delegieren und priorisieren Sie, damit Sie endlich Wünsche anpacken können, wie auf einer Konferenz als Referentin aufzutreten oder einen Artikel für das führende Fachmagazin auf Ihrem Gebiet zu schreiben. Beides sind »Booster« für den Bekanntheitsgrad, die allerdings Arbeit bereiten.

Wir netzwerken immer und überall und nicht nur bei bestimmten Anlässen oder da, wo »Netzwerk« draufsteht. Insbesondere gilt das für den inoffiziellen Teil von Veranstaltungen. Früher bin ich von Vortrag zu Vortrag gehetzt, in der Pause habe ich noch mit der Firma telefoniert, bis ich irgendwann gemerkt habe: An den Stehtischen, da bekommt man die Insider-Informationen, da entstehen die berühmten »Zufallsbekanntschaften«, die einen beruflich weiterbringen. Und auch beim Netzwerken kommt es aufs Mindset, auf die innere Haltung an: Habe ich Freude daran, sehe ich darin einen Mehrwert, bin ich in der Stimmung, mich mit anderen Menschen auszutauschen, oder muss ich mich überwinden und denke, dabei komme doch sowieso nichts heraus? Eine positive Einstellung hilft auch bei der Kontaktaufnahme. Wenn man sich gar nicht in den Griff kriegt, dann verbringt man vielleicht diesen Abend besser auf der Couch.

Je höher die Managementebene, umso wichtiger ist der direkte Austausch, das persönliche Gespräch, der Pausenplausch auf Meetings, das Treffen an der Bar, die persönliche Nähe. Das können Sie nicht am Computer durch Video- oder Telefonkonferenzen ersetzen. Natürlich kann man über Onlineanbieter oder über E-Mail Kontakt halten zum Kommilitonen, der jetzt in Sydney sitzt, oder zu den Kollegen aus der alten Firma. Der große Vorteil dieser Plattformen ist aus meiner Sicht, dass sich dadurch Veranstaltungen und persönliche Treffen ziemlich unaufwendig organisieren lassen, Sie Ihren Kontakten Nachrichten zukommen lassen können oder Menschen (wieder) finden können. Da Führungskräfte heutzutage immer häufiger den Standort wechseln müssen, ist das Halten von Verbindungen via E-Mail natürlich besser als gar nichts. Nur damit allein den kleinen, feinen Kontaktkreis zu pflegen, das wird nicht funktionieren. Für den Berufsstart und die ersten Berufsjahre haben Onlineportale selbstverständlich Karrierepotenzial. Gerade die Personalabteilungen großer Unternehmen suchen dort, Berufseinsteiger können dort etwas über die Unternehmenskultur erfahren und gefunden werden. Die sozialen Netzwerke sollte man zusätzlich zu klassischen Karriereportalen auf jeden Fall im Blick haben.

Der persönliche Austausch ist durch nichts zu ersetzen

Und wenn wir schon dabei sind, das Business-Netzwerk Xing hat herausgefunden, dass Frauen die Plattform anders nutzen als Männer. Sie haben im Durchschnitt weniger Kontakte und sind weniger aktiv, versenden weniger Einladungen, Kontaktanfragen und Nachrichten als Männer.

Auch wenn Tools und Techniken drum herum neu sind, die Mechanismen sind die alten: Gute Kontakte brauchen persönliche Begegnungen, brauchen Bemühungen und Zeit, bis sie einem belebenden Geben-und-Nehmen-Rhythmus folgen. Ausschließlich online zu netzwerken ist keine Alternative. Beim Netzwerken geht Qualität vor Quantität.

Im Zusammenhang mit Networking taucht immer wieder die Frage auf, ob Frauen die besseren oder schlechteren Netzwerker sind, ob reine Frauennetzwerke überhaupt etwas bringen oder Zeitverschwendung sind? Die Meinungen darüber gehen auseinander: Frauen würden lieber die Rolle der privaten Netzwerkerin spielen, sich vorzugsweise mit Menschen vernetzen, die ihnen sympathisch sind, in der Mittagspause lieber kurz auf einen Kaffee mit der Lieblingskollegin gehen. Sie würden, statt funktional lose, flüchtige Kontakte mit vielen Leuten einzugehen, nach engen, emotionalen Bindungen suchen. In den Frauennetzwerken würden die Ressourceninhaberinnen fehlen, lautet ein anderer Vorwurf, diese Zirkel seien mehr Wohlfühl-Netzwerke als karrieredienliche Kreise.

Meine eigene Meinung – nicht repräsentativ, aber als aktive Netzwerkerin und Anbieterin verschiedener Netzwerkformate durch Praxiserfahrung geprägt: Grundsätzlich glaube ich, dass Frauen und Männer – je nach Persönlichkeit mehr oder weniger – gut im Netzwerken sind.

**Frauen fehlt oben das
Zugehörigkeitsgefühl**

Zudem sind gewisse innerbetriebliche Zirkel und Netzwerke, wie beispielsweise der obere Führungskräftekreis eines Konzerns, an einen bestimmten Status gekoppelt. Sie haben den Vorteil, dass die Aufnahme automatisch erfolgt, wenn man eine bestimmte Position erreicht hat. Die Krux ist, dass die wenigen Spitzenmanagerinnen auf den oberen Ebenen der Organisationspyramide dort selten auf ihresgleichen treffen und sich auf informeller Ebene kaum zwanglos vernetzen können. Sie gehören zwar dem Kreis an, fühlen sich jedoch nicht zugehörig. Ein einfaches Alltagsbeispiel: Eine Frau, die auf einen männlichen Kollegen oder Vorgesetzten zugeht und ihn zum Essen einlädt, ist immer noch schwer vorstellbar. Vor allem abends geht das nicht, bleiben Sie beim Business-Lunch.

Immer wieder heißt es, Frauen müssten sich stärker in die Old Boys' Networks, in die Männerzirkel auf Entscheiderebene, integrieren. Eine Zwickmühle: Wenn Frauen das versuchen, beschleicht sie schnell das Gefühl von fehlender Zugehörigkeit, was auch mit den Gesprächsthemen zu tun hat, sobald die fachliche Ebene verlassen wird. Manche Frau schreckt davor zurück, fängt an, die Männerrunden zu meiden, oder lässt sich nur kurz blicken und schließt sich quasi selbst aus. Die Zugehörigkeitsfalle schnappt zu. Man ist sowieso schon einsam an der Spitze und Spitzenfrauen sind es doppelt. Als einzige Frau an Bord einer Segelyacht ein Managementtraining auf der Ostsee, das muss man erst einmal überstehen, aber dann weiß man, wie die Jungs da oben ticken. Eine auf Direktionsebene für Finanzen zuständige Klientin war danach zwar »unser Accounting Girl«, aber aufgenommen. Manchmal hilft nur, einen blöden Jux über sich ergehen zu lassen. Augen zu und durch.

Man hat immer mehrere Kategorien von Kontakten: enge, lose, tiefe, oberflächliche, berufliche, private. Kollegenkreis, Freundeskreis, Bekanntenkreis, Familienkreis und die ganzen Arbeitskreise nicht zu vergessen. Studien **Auf emotionale und funktionale Bindungen setzen** zeigen: Frauen bevorzugen enge emotionale Bindungen, tauschen sich lieber über ihr Befinden aus und suchen Verständnis, während Männer in nützlichen Ratgeber-Netzwerken Fakten und Informationen handeln, sich gegenseitig Einladungen zukommen lassen und Kontakte zielgerichtet als Karrieresprungbrett nutzen. Am Verhalten von Frauen ist nichts schlecht oder verkehrt, solange sie ihre Berufsnetzwerke nicht einseitig nach Sympathiewerten gestalten. Mein Leitspruch dazu: Ich muss nicht jeden Netzwerkkontakt zur besten Freundin machen. Businesskontakte sind kein erweiterter Freundeskreis, mit dem ich mich noch drei Mal im Monat auf ein Glas Wein treffe.

Sind Sie Mitglied in einem Wirtschaftsclub, laden Sie die Kollegin doch zu einer der nächsten Veranstaltungen ein. **Networking ist Geben und Nehmen** Zu den meisten Terminen kann man Gäste mitbringen. Vielleicht stellt sich heraus, dass sie Mitglied in einem Kunstverein ist, der regelmäßig exklusive Vernissagen veranstaltet. Kunst interessiert Sie wiederum und sie revanchiert sich. Und wenn nicht? Das fragen Frauen häufig, wenn wir am Thema Netzwerkaktivitäten arbeiten. Sie haben mehrere Reaktionsmöglichkeiten: Sie hat nichts für Sie Relevantes zu bieten und Sie beschließen, es bei diesem einmaligen gemeinsamen Besuch zu lassen. War der Austausch anregend, können Sie für das nächste Treffen einen anderen Rahmen wählen. Und das nächste Topevent Ihres Netzwerks jemand anderem zukommen lassen. Für viele Frauen klingt das sehr berechnend. Sorry, als Frau muss ich sagen: Ich mache das nicht zum Spaß oder weil ich beste Freundinnen (da sind sie wieder) suche, sondern ich möchte dadurch Zugang zu anderen Netzwerken, Kontaktkreisen, spannenden Menschen und neuen Themen erhalten. Die Devise beim Netzwerken: Eine Hand wäscht die andere. Schauen Sie, wo Sie sich gegenseitig nützlich sein und sich klug ergänzen können. Nur so wächst ein Netz an beruflichen Verbindungen. Denn seien wir ehrlich: Was passiert sonst? Wir machen das drei-, viermal mit und dann fangen wir an, uns zu ärgern, dass Geben und Nehmen nicht ausgewogen sind. Und beenden die Beziehung. Ist das eine Lösung?

In welcher Liga wollen Sie spielen? Apropos Mitgliedschaften: Ich weiß, die Mitgliedsbeiträge in renommierten Clubs und Netzwerken sind zum Teil recht happig. Manchmal übernehmen das die Unternehmen, aber meistens erst ab einer gewissen Managementebene. Und auch da ist in den vergangenen Jahren viel zusammengestrichen worden. Verwerfen Sie den Gedanken dennoch nicht gleich, zumal berufsrelevante Beiträge steuerlich abgesetzt werden können. Mit einer Mitgliedschaft in einem exklusiven Wirtschaftsclub hat man seinen Kontakten etwas zu bieten und wird netzwerkattraktiv. Sie entscheiden, in welcher Liga Sie spielen wollen. Seit meine männlichen Kollegen wissen, dass ich mir eine Mitgliedschaft in einem prestigeträchtigen Hamburger Club gegönnt habe, kommt regelmäßig: »Kannst du mich nicht mal mitnehmen?« Von den Frauen kam diese Frage noch nie, ich nehme trotzdem welche mit. Und dass ich nur Menschen mitnehme, für die ich eine gewisse Grundsympathie hege und mit denen ich gute Gespräche habe, das versteht sich doch von selbst. Nichts ist schlimmer, als neue Bekanntschaften schon beim ersten Glas Wein darauf abzuklopfen, ob er oder sie für mich beruflich relevant sein kann.

Neben externen Frauennetzwerken sind auch in vielen großen Unternehmen Frauennetzwerke entstanden oder entstehen gerade durch die neu entfachte Diversity-Diskussion. Ich sage immer, **Holen Sie Männer auf Ihre Seite** holt die Männer dazu. Veranstaltet *After-Work-Impulse* oder Ähnliches und tauscht euch aus. So haben beide etwas davon: Die Frauen werden sichtbar, können sich zeigen und werden von den Entscheidungsträgern gesehen, erweitern ihre Beziehungen, bekommen interessante Informationen.

So ein Frauennetzwerk sollte aus meiner Sicht kein reiner *Women-only-Club* sein. Solche Events kann es geben, aber nicht ausschließlich. Manchmal tut es einfach gut, unter sich zu sein. Den Frauen genauso wie den Männern. Ich muss mich nicht hinter alles klemmen, was meine Führungskollegen machen. Und für formelle Frauennetzwerke gilt dasselbe wie für gemischte: Begeben Sie sich auf Schnuppertour. Schauen Sie sich die Menschen und die Mitgliedschaften der verschiedenen Berufsverbände, Clubs, Organisationen, die für Sie infrage kommen, an. Und vergleichen Sie die Preise. Netzwerken ist nicht umsonst. In doppelter Hinsicht.

GUTER GEDANKE:

> *» Ein entscheidender Erfolgsfaktor findet bei Henkels Frauennetzwerk einmal im Jahr besondere Beachtung: der Erfolgsfaktor › Mann‹. Schließlich ist es unser Ziel, die besten Teams von Frauen und Männern für Henkel zusammenzustellen. Dazu bedarf es auch des tatkräftigen Beitrags beider Geschlechter. Die Gelegenheit zum Perspektivenwechsel und Erfahrungsaustausch untereinander bietet bei Henkel der seit 2009 etablierte WoMen's Networking Day – ein Halbtags-Event rund um die Fragen: Warum brauchen wir mehr Frauen in Führungspositionen und wie können wir dieses Ziel gemeinsam erreichen?«*

ASTRID BOSTEN[33], Global Diversity & Inclusion Manager, Henkel AG & Co. KGaA

Deutschlands Chefinnen – Wie Frauen es an die Unternehmensspitze schaffen, Odgers Berndtson Personalberatung, 2010:

»Frauen müssen besser netzwerken: 34 Prozent führten mangelnde berufliche Netzwerke als Karrierehemmnis an. Die Mehrheit der Teilnehmerinnen hält die existierenden Netzwerke für unzureichend auf weibliche Bedürfnisse zugeschnitten. Gleichzeitig räumen sie jedoch ein, dass es den meisten Frauen schwerfällt, ihre beruflichen Netzwerke gezielt für die eigene Karriere zu nutzen. Sie empfinden Netzwerke als Vetternwirtschaft, wollen es stattdessen durch eigene Leistung ins Topmanagement schaffen. Nach Ansicht von Deutschlands Chefinnen müssen sich Frauen von diesen Vorbehalten lösen und sich stärker in die bestehenden – gemischtgeschlechtlichen – Netzwerke integrieren.«

Führungswechsel erfolgreich gestalten, 100 Consulting:

»Welche Erfolgsfaktoren sehen die befragten Führungskräfte, um schnell einsteigen zu können?

An allererster Stelle steht das Thema ›das eigene Team aufbauen und stärken‹. Dieses Thema wurde von 79,4 Prozent der Befragten genannt.

An zweiter und dritter Stelle stehen die Themen ›Schlüsselthemen identifizieren‹ (72,9 Prozent) und ›Schlüsselpersonen kontaktieren‹ (71,3 Prozent).«

4. Aufstiegsstrategien für Frauen

Aufstiegsstärke und Führungsstärke, das fiel an früherer Stelle schon, sind nicht dasselbe, aber zwei Seiten einer Medaille. Auf dem Weg nach oben müssen Sie beides immer wieder beweisen. Fehlende Führungsstärke ist bei Frauen selten der Punkt, ihnen mangelt es eher an Aufstiegsstärke. Und dabei geht es, wie gesehen, um ein mehrdimensionales »Spiel« aus Performance, Publicity, Psychologie und Diplomatie. Und um die beständige Auseinandersetzung mit sich selbst und anderen, mit den Aufgaben, der Kultur, den Unternehmensspielregeln.

Aufstieg will gelernt sein

Auch an Führung muss man sich herantasten. Chefin oder Chef zu werden ist nicht einfach, aber erlernbar. Zusammengefasst zeige ich Ihnen acht *Learnings*, mit denen Sie die »typischen« Frauenfallen vermeiden und aufstiegs- und führungsfähig werden. Vorausgesetzt, Sie trainieren und experimentieren. Denn: Womit wir uns beschäftigen, darin werden wir besser.

Klarheit gewinnen

Kompetenz und Motivation sind zentrale Karrierevoraussetzung. Notwendig ist, sich bewusst zu machen, was man kann und wohin man möchte. Ein paar Leitfragen zur Selbsterforschung:

◆ Was kann ich?
◆ Was will ich?
◆ Wohin zieht es mich?

- Will ich an die Spitze einer Abteilung, eines Bereichs, eines Unternehmens oder mein eigenes Unternehmen?
- Was ist mein Ding?
- Wohin will ich mich entwickeln?
- Was möchte ich mit meinem (Berufs-)Leben anfangen?
- Was bedeutet Erfolg für mich?
- Was ist mir wichtiger: Geld oder geregelte Arbeitszeiten?

Die Antworten lassen sich nicht herbeischnippen, aber es lohnt sich, immer wieder darüber nachzudenken, sich selbst zu erkunden, den eigenen Entwicklungswünschen auf die Spur zu kommen und sich so Stück für Stück Zielsicherheit zu verschaffen:

- Will ich noch weiter? Man kann auch in der zweiten Reihe glücklich sein.
- Wie sieht der Job aus, der zu meinem Lebensmodell passt? Und der Partner?
- Und immer wieder: Stimmt die Richtung auf meinem Karrierekompass noch? Ist das noch mein Weg? Mein Unternehmen?

Dass Frauen nicht führen können, über diese Auffassung sind wir inzwischen glücklicherweise hinaus. Trotzdem ist nicht auszuschließen, dass es auch in der zweiten Dekade des 21. Jahrhunderts Unternehmen gibt, die Frauen mit Führungsanspruch nicht wollen. Die mit Stammtischparolen (»Bei uns ist die Welt noch in Ordnung«) den Wirtschafts- und Wettbewerbsfaktor Frau heraushalten aus ihrem geschlossenen Männersystem. Und Sie hinhalten. Suchen Sie sich andere Systeme!

Verschiedene Kulturen testen

Großkonzern, Mittelstand, Start-up – welches Unternehmen passt zu Ihnen? Nutzen Sie die ersten Jahre, um das herauszufinden. Hören Sie sich um, man muss nicht alles selbst ausprobieren. Und lassen Sie sich nicht entmutigen, wenn andere sagen: »Was willst du denn da?« Es kommt vor, dass so manches Traumunternehmen nur im Lebenslauf traumhaft aussieht.

Wenn Sie ständig das Gefühl haben, dass Ihre Talente, Potenziale, Leistungen, Vorstellungen nicht gewünscht und gewürdigt werden, dann ist wahrscheinlich der Zeitpunkt gekommen, eine Veränderung in Angriff zu nehmen. In meinem Weinladen hängt ein Schild: *»Das Leben ist zu kurz, um schlechten Wein zu trinken.«* Ist es nicht auch zu kurz, um jeden Tag Dinge zu tun, die keinen Spaß machen?

GUTER GEDANKE:

> *»Darüber hinaus ist es wichtig, dass man sich einen Plan über das macht, was man im Berufsleben erreichen möchte. Man darf den Plan zwar nicht so verbissen sehen, aber wenn man ein Ziel vor Augen hat, verhält man sich dezidierter. Ich bin genauso vorgegangen und habe für mich festgelegt, wo ich hin möchte, und kurz darauf kamen dann auch tatsächlich die entsprechenden Angebote. Man darf sich selbst nicht darüber hinwegtäuschen, dass man seine Wünsche nach außen sehr stark signalisiert.«*
> **REGINE STACHELHAUS**[34], Vorstandsmitglied der E.ON AG

Aus eigener Erfahrung: Das »Gesetz« von Ausstrahlung und Anziehung funktioniert übrigens auch bei Zielen wie ein Buch schreiben oder einen Mann finden. Beide Pläne habe ich erfolgreich in die Tat umgesetzt. So einfach geht das? Nein, einfach war es natürlich nicht. Der Glaube allein versetzt keine Berge, wir müssen auch ordentlich etwas dafür tun. Wenn dann aber die Aufstiegsoption oder der potenzielle Partner vorbeikommt, erkennt man die Gelegenheit und fackelt nicht lange. Hand aufs Herz, haben Sie schriftlich fixierte Ziele? Nein? Dann geht es Ihnen wie den meisten Menschen, aber die, die welche haben, sind vielleicht die Kolleginnen und Kollegen, die an Ihnen vorbeiziehen.

◆ **Karriere braucht Klarheit und Sicherheit über das eigene Können, die eigenen Ziele. Wo liegt Ihr Karriereglück?**

Mein Zielpool, meine großen und kleinen Ziele:

_____

_____

_____

Karrierevorstellungen kommunizieren

Wenn Sie Karriereambitionen haben und vorwärtskommen wollen, dann äußern Sie das auch gegenüber anderen. Zeigen Sie Klarheit und zeigen Sie, dass Sie bereit sind. Lassen Sie Ihr Umfeld wissen, wohin Sie wollen, was Sie sich als nächsten Schritt vorstellen. Kratzen Sie an der Tür und demonstrieren Sie deutliches Interesse an einem Projekt, an einer Position.

Wer hier stumm bleibt oder einen Eiertanz aufführt (»Bin ich überhaupt schon so weit, brauche ich nicht noch eine Zusatzqualifikation, ist das nicht zu früh?«), verspielt Chancen. Bis die Fördermaßnahmen gegriffen und die Männer begriffen haben, dass sie Frauen einen Schubs geben sollen, sind die Kollegen längst an Ihnen vorbeigezogen. Besser knacken Sie selbst die inneren Karrierehemmungen und nehmen Ihre Entwicklung in die eigene Hand.

> »Frauen warten ab in der Annahme, wenn sie nur gut genug wären, würde das schon jemand erkennen und sie (be-)fördern. In der Zwischenzeit sind reichlich gleich oder weniger qualifizierte Männer an ihnen vorbeigezogen. Mein Tipp: Frauen, zieht euch vermeintlich zu große Schuhe an, meldet aktiv und konkret eure Ansprüche an, traut euch was!«

INES KOLMSEE[35], Vorstandsvorsitzende SKW Stahl-Metallurgie AG

◆ **Sagen, was man wirklich will. Mädels, traut euch und wartet nicht darauf, »entdeckt« zu werden.**

IHR ÜBUNGSPLATZ:

Mein Karrierestatement:

_____

_____

_____

Komfortzone verlassen

Der Sprung ins kalte Wasser gehört zu jeder Karriere. Wer aufsteigen will, braucht den Willen und den Mut, sich immer wieder auf unbekanntes Terrain zu wagen, neue Herausforderungen anzunehmen, sich in verschiedenen Aufgaben und Rollen auszuprobieren – auch wenn sie sich anfangs zu groß anfühlen. »Learning by doing« ist immer noch ein klasse Lernkonzept. Wer eine Spitzenposition anstrebt, braucht eine gute Portion Selbstbewusstsein. Auch wer anfangs das Gefühl hat, eher mit der kleinen »Lady-Portion« ausgestattet worden zu sein, kann das entwickeln. Selbstvertrauen wächst durch viele kleine Schritte, durch viele kleine Erfolge, aus denen ein großer wird. Wann sind Sie das letzte Mal über sich hinausgewachsen?

Durch Zuschnappen gelingt es uns, innerlich stabiler zu werden

Nicht zurückzucken! Mut ist ein Muskel, den man trainieren kann wie den Bizeps. Sonst entsteht schnell ein Teufelskreis: Dadurch, dass wir immer weniger Neues ausprobieren, werden wir immer weniger mutig. Und weil wir immer weniger mutig werden, probieren wir immer weniger aus. Bewährtes Heilmittel: Mutig sein und machen! Das Credo erfolgreicher Spitzenkräfte: Meine Komfortzone ist kein Komfort.

Karrierekönnen liegt auch darin, Erfolgschancen nicht ungenutzt vorübergehen zu lassen. Auf die Frage nach ihrem Erfolgsgeheimnis sagen viele Führungskräfte (und nicht nur Frauen), sie hätten Glück gehabt, seien zur richtigen Zeit am richtigen Ort gewesen. Das klingt wie Zufall, aber der trifft laut Pasteur nur einen vorbereiteten Geist.

◆ **Bewahren Sie Mut für Herausforderungen und ergreifen Sie Entfaltungsmöglichkeiten. Die meisten Angebote kommen nur einmal im Leben und in die meisten Aufgaben wächst man hinein.**

Das traue ich mir zu. Das nehme ich in Angriff:

_____

_____

_____

Selbstmarketing betreiben

Dass eines klar ist: Selbstmarketing ist kein Ersatz für gute Leistung, Selbstmarketing ist Ergänzung. Es reicht nicht, gut zu sein, andere müssen davon erfahren, gute Leistung muss auch gut verkauft werden in der Unternehmensöffentlichkeit. Ob das gelingt, hängt hauptsächlich davon ab, wie wir von uns denken, was unsere innere Stimme rattert: »Ist doch halb so wild« oder »Das hab' ich klasse hingekriegt«. Den schwierigen Kunden bei der Stange gehalten. Die knappe Deadline eingehalten. Die Kosten in den Griff bekommen. Dass Sie das hinbekommen haben, ist kein Zufall, Sie haben intensiv darauf hingearbeitet. Die positive Selbstpräsentation in Gruppen und Gremien, in der Sie Ihr Können aufblitzen lassen, wird umso wichtiger, je höher Sie steigen wollen.

Sorgen Sie dafür, dass man Sie, Ihre Kompetenzen und **Denken Sie sich groß** Arbeitsergebnisse zur Kenntnis nimmt, und lernen Sie, auch »Kleinigkeiten« gewinnbringend zu verkaufen, statt verbissen um »Kleinigkeiten« zu kämpfen (siehe auch den Punkt »Lassen können«). Besetzen Sie Themen mit Prestigefaktor und lassen Sie sich auf internen und externen Bühnen blicken. Am Ende des Tages geht es nicht darum, dass Sie den Beliebtheitspreis ergattern, sondern Ihren Bekanntheitsgrad steigern. Und das *systematisch* und *regelmäßig* – da sind sie wieder, die beiden »Zauberwörter«.

Die Fach- und Führungskompetenz der meisten Frauen ist tipptopp, man hat sie schlichtweg nicht im Hinterkopf, wenn die Beförderungsspiele laufen. Reden Sie von Ihrer Arbeit – und das positiv – und bringen Sie sich und Ihre Resultate ins Gespräch! Das muss nicht immer der große Auftritt sein, auch Gespräche im kleinen Kreis können sehr wirkungsvoll sein.

◆ **Selbstmarketing beginnt im Kopf: Ja, ich bin gut! Und endet auf den Bürobühnen: Stellen Sie gute Leistung an den unterschiedlichen Kontaktpunkten gut dar und verkaufen Sie sie karrierefördernd.**

IHR ÜBUNGSPLATZ:

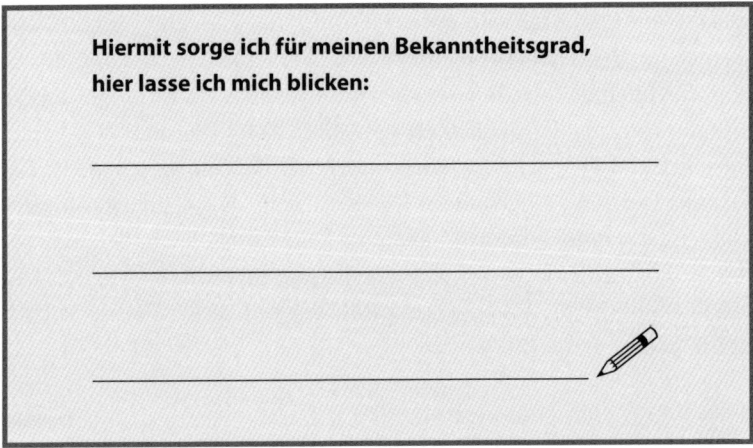

Hiermit sorge ich für meinen Bekanntheitsgrad, hier lasse ich mich blicken:

_____

_____

_____

Lassen können

Führungskraft zu werden heißt auch, etwas lassen zu können, vor allem alte, lieb gewonnene Aufgaben, und seine Kraft an der richtigen Stelle einzusetzen. Ein bekannter Denkspruch aus dem Führungsalltag lautet: *»Es geht nicht nur darum, die Dinge richtig zu tun, sondern auch die richtigen Dinge zu tun.«*

Denken Sie beim Delegieren an das Dirigentenbild. Sie nehmen als Führungskraft eine Schlüsselfunktion ein, was nicht heißt, dass Sie jedes Instrument selbst beherrschen müssen. Lassen Sie den Leuten die Verantwortung für ihr Spezialgebiet, lassen Sie sie mitreden. Am Ende zählt das Ergebnis. Als Chefin geben Sie den Takt vor und sind dafür verantwortlich, was hinten herauskommt. Prägen Sie sich Eisenhowers Dringend-wichtig-Einteilung ein, damit die Prioritätenfalle nicht zuschnappt. So bleibt Ihnen Zeit für Selbstmarketing und Networking.

Müssen Sie immer Klassenbeste sein?

Wie in jeder Partnerschaft funktioniert auch in der Firma das Zusammenleben umso schlechter, je weniger man miteinander redet. Das stimmt einerseits, andererseits ist Häufigkeit nur ein Aspekt. Es kommt sehr drauf an, wie die Kommunikation gestaltet wird. Die meisten Führungskräfte sind im Dauerkommunikationsmodus, reden sich den Mund fusselig und wundern sich, dass sie oft nicht verstanden werden oder dass die Kommunikation von »unten nach oben« nicht klappt. Tipp: Schalten Sie sich selbst dann und wann aus. Sendepause! Klappe halten und hinhören: Fragen Sie offen, fragen Sie konstruktiv, fragen Sie nach, fragen Sie hypothetisch in die Zukunft (»Nehmen wir an …«), fragen Sie, um Antworten zu bekommen und nicht, um selbst zu antworten. »Herr Lehrer, ich weiß was.« Jeder weiß was, aber selten alles.

Sich zwischenmenschlich kompetent machen

Gut und gezielt zu fragen hat nichts mit ausfragen oder aushorchen zu tun, sondern mit Wertschätzung, mit echtem Interesse an der Meinung Ihres Gegenübers – auch wenn die Ihnen manchmal nicht gefällt. Sie haben es in der Hand, ob in Ihren Meetings immer mehr

Ja-Sager oder Schweiger sitzen. Auch wenn Ihr Oberboss so führt und unbelehrbar ist. Da wo Sie das *Setting* bestimmen, sollten Sie Ihre Wunschvorstellung von Führung umsetzen und die Juwelen in Ihrem Bereich ausfindig machen. Überall wird beklagt, dass die Tradition des kritischen Infragestellens in den Führungsetagen mehr und mehr im Verschwinden ist. Veränderung beginnt beim Einzelnen, nutzen Sie Ihren Einfluss. Meckern kann jeder, besser machen ist die Kunst. Sie geben den Takt vor! Und die Frage- und Führungskultur.

Die Gallup-Organisation gibt jedes Jahr den sogenannten *Engagement-Index* heraus, der misst, wie stark Arbeitnehmer emotional an ihren Arbeitsplatz gebunden sind. Das ernüchternde Ergebnis: Nur 11 Prozent haben eine emotionale Bindung. Der Rest schiebt Dienst nach Vorschrift (66 Prozent) oder den totalen Frust (23 Prozent). Wer glaubt, auch er sei nur von demotivierten, dummen Leuten umgeben, fragt sich am besten, woran das liegen könnte.

◆ **Halten Sie sich systematisch an die 4-F-Führungsformel »Fordern – Fördern – Fragen – Feedbacken« und praktizieren Sie das regelmäßig. Damit haben Sie schon viel und viele gewonnen.**

IHR ÜBUNGSPLATZ:

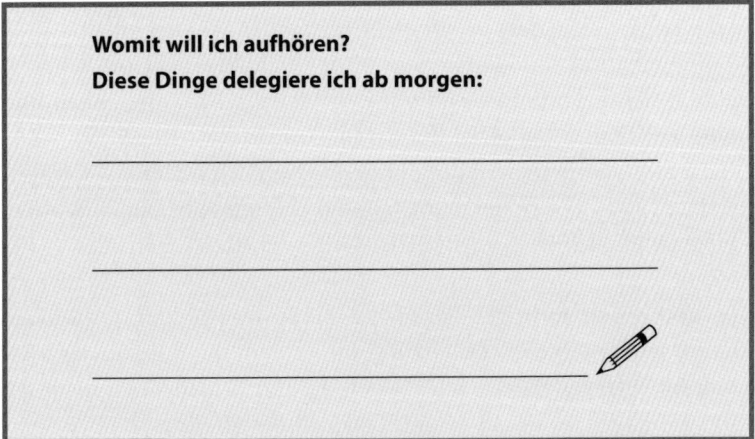

Womit will ich aufhören?
Diese Dinge delegiere ich ab morgen:

Dazulernen

Sie merken es schon: Der Weg zur Führungskraft ist mühsam. Ein grandioser Abschluss, verschiedene Praktika und Auslandsaufenthalte, alles prima, das ist die Eintrittskarte ins Unternehmenskino. Wer glaubt, danach könne er sich zurücklehnen, weit gefehlt, jetzt geht es erst richtig los. Sie müssen Qualität abliefern, und das bedeutet manchmal auch Qual. Auch Führenlernen passiert nicht von heute auf morgen. Wer sich entwickeln möchte, wer Selbst-Bewusst-Sein erreichen möchte, kann nicht bleiben, wer er war. Und die globale Gemengelage verlangt sowieso ein ständiges Dazulernen.

Gute Führungskräfte sind aufmerksam und fähig darin, neue Dinge aufzuschnappen und Erkenntnisse aus unterschiedlichen Richtungen zu vernetzen. An der Performance zu arbeiten, sich schlauzumachen in den verschiedenen Fachgebieten, strategische und methodische Kompetenzen draufzusatteln, das ist gut – und unbedingt auch die Möglichkeiten zur persönlichen Weiterentwicklung zu nutzen. Lernen Sie, Methoden zu verstehen und vor allem auch die Menschen um Sie herum. Befassen Sie sich mit Kommunikation, mit geschlechtsspezifischen Unterschieden, mit Kommunikationspsychologie, verfeinern Sie Ihre Kommunikationsfähigkeit, eignen Sie sich Kenntnisse in Konfliktmanagement an. Schärfen Sie Ihr Systembewusstsein, erlernen Sie die Spielregeln des Systems, damit Sie erkennen, wo es erforderlich ist, klug mitzuspielen, und wo Sie Dinge ignorieren können. Ersinnen Sie neue Spielregeln und schauen Sie, wie Sie diese Stück für Stück einführen können. Last not least: Lernen Sie, Männer zu kapieren, nicht zu kopieren.

Die meisten Topführungsleute sind Learner

Zum Lernen gehört es, Fehler zu machen, denn daraus lernen wir bekanntlich am meisten. Wie heißt es so treffend: Wer macht, macht Fehler. Manchmal muss es erst dazu kommen, dass wir akuten Handlungsbedarf haben, weil uns der Chef signalisiert, dass wir endlich besser werden müssten beim Präsentieren. So ginge es nicht weiter. Also lesen wir Bücher, besu-

Das Leben ist ein Lernprozess

chen ein Seminar, bereiten uns noch besser vor, aber die vertraute Versagensangst will nicht verschwinden. »Das schaffe ich nie!« Die äußere Arbeit an dem Thema »Vor der Gruppe sprechen« ist wichtig, genauso wichtig ist die innere Arbeit, das Sich-Beschäftigen mit den mentalen Blockaden. Kaum etwas anderes behindert das berufliche Vorankommen so sehr wie blockierendes, negatives Denken.

Aus der Arbeit von Albert Bandura, führender Psychologe auf dem Gebiet der Lern- und Entwicklungspsychologie, entstand das 4-Stufen-Modell des Lernens, auch die »4 Stufen der Kompetenz« genannt:

1. *Unbewusste Inkompetenz:*
   Man weiß noch nicht, dass man etwas nicht kann, wie etwas geht, bis man mit eben dieser Aufgabe, zum Beispiel Führung, betraut wird.

2. *Bewusste Inkompetenz:*
   Sie haben den ersten Führungsjob ergattert, wissen, dass Sie in Sachen Führung noch Defizite haben, und fassen (hoffentlich) den Entschluss, führen zu lernen und sich neue Kompetenzen anzueignen.

3. *Bewusste Kompetenz:*
   Sie wissen jetzt, wie Sie die Dinge anpacken müssen, machen mühsam Fortschritte, verspüren die erste Befriedigung, etwas geschafft zu haben, aber gelegentlich auch noch Zweifel bei der Ausführung.

4. *Unbewusste Kompetenz:*
   Sie haben einige Jahre praktische Erfahrungen gesammelt und die neuen Fähigkeiten sind Ihnen in Fleisch und Blut übergegangen. Das kann im Extrem sogar dazu führen, dass Sie gar nicht mehr wissen, was Sie alles können. Achtung, Kompetenzkrise.

Ohne innere Weiterentwicklung wird man eine Managementaufgabe nicht meistern. »*Die meisten Manager entwickeln sich nur bis zu einem bestimmten Punkt*«, sagt die Harvard-Professorin Linda Hill auf wiwo.de, »*und dann hören sie einfach auf.*« Machen Sie weiter!

GUTER GEDANKE:

>*Management ist heute unter anderem auch die Fähigkeit, die gesamten Erkenntnisse der Wissenschaften zu vernetzen und ganzheitliche Führungssysteme daraus zu machen.*«
FREDMUND MALIK[36], Managementexperte und Autor

◆ **Bereit sein, dazuzulernen, ist die beste Grundlage für die Rolle im Chefsessel.**

IHR ÜBUNGSPLATZ:

Womit will ich anfangen?
Das nehme ich mir in diesem Jahr zu lernen vor:

_____

_____

_____

Verbinden und verbünden

Ohne Verbindungen und Verbundenheit kommen Sie auf der Chefetage nicht aus. Sie brauchen ein Netz vielfältiger Beziehungen, und das zu spinnen, damit sollten Sie frühzeitig beginnen. Zu meinen, Sie wollten nicht aufsteigen, weil Sie jemanden kennen, sondern weil Sie gut seien, ist ein Irrglaube. Denn wenn Sie gut sind und niemand davon weiß, dann haben Sie ein Problem.

Berufsleben ist Beziehungsleben Ihr Können und Ihre Leistungen benötigen positive Kommunikation, damit sie wahrgenommen werden. Dafür sorgt nicht zuletzt ein breiter Kreis von guten Kontakten – innerhalb und außerhalb des Unternehmens. In diesem Kreis geht es darum, sich gegenseitig auf dem Laufenden zu halten, die eigenen Erfolgsstorys auszutauschen, Namen weiterzugeben, sich mit Insider-Informationen, interessanten Projektaufgaben oder neuen Stellen zu versorgen. Man feiert gemeinsam und fördert sich gegenseitig. Wer arbeitet nicht gerne mit Leuten zusammen, deren Können, Verhalten und Arbeitsstil er aus einer früheren Zusammenarbeit bereits kennt und einschätzen kann. Mit jemandem, der seine Sache versteht, verlässlich und berechenbar ist, zur engeren *Community* gehört.

Fähige Frauen fördern Frauen haben oft Bedenken, dass man ihnen die Beförderung einer Frau als Bevorzugung des eigenen Geschlechts auslegen könnte. Ich bitte Sie, darüber denkt doch kein Mann nach, wenn er einen anderen nach sich zieht. Sich solch einen Kreis aufzubauen, zu bedienen und zu pflegen, kostet Zeit. Zu den Relationship-Kompetenzen gehört es auch, mit schwierigen Zeitgenossen und Konkurrenten klarzukommen, die einem im Berufsleben immer wieder in die Quere geraten. Und sie vielleicht sogar auf die eigene Seite zu ziehen. Sympathie ist dabei Nebensache.

Auch beim Netzwerken: Achten Sie auf Vielfalt. Frauennetzwerke sind in Ordnung, aber sie reichen nicht. Halten Sie sich auch ein Männernetzwerk.

>»*Ein Netzwerk ersetzt die Leistung nicht – aber es erhöht die Reichweite und damit den Kreis derer, die gute Leistung wahrnehmen. Denn wer als Einzelkämpfer unterwegs ist und sich nicht vernetzt, bleibt für Entscheidungsträger unsichtbar.*«
> **ANGELA RITTIG**[37], Manager Corporate Communications, XING AG

◆ **Netzwerken ist keine Freizeitaktivität, Net-Working ist Arbeit! Und es gehört von Anfang an auf die persönliche Agenda.**

IHR ÜBUNGSPLATZ:

Mit diesen Personen möchte ich in Kontakt treten:

_____

_____

_____

Das macht mich netzwerkattraktiv:

_____

_____

_____

Am Ball bleiben

Wie meine Oma selig sagte: »Kind, von nix kommt nix!« Danke, Omi. Je höher Sie kommen, desto dünner wird die Luft. Wir brauchen einen langen Atem. Absagen und Ablehnung gehören zum Unternehmensalltag, etliche gute Vorschläge werden versenkt. Das sind Allerweltsprobleme im Business. Versuchen Sie es an Nebeneingängen oder Hintertüren mit Ihren Ideen. Und wenn es dort auch nicht klappt: Auch andere Häuser haben schöne Türen. Manchmal werden wir auch »aus heiterem Himmel« vor die Tür gesetzt. Fünf Bälle gleichzeitig hochzuhalten gelingt nicht immer. Das Karriereleben ist eine Mischkalkulation: Mal gewinnt man, mal verliert man.

Bleiben oder gehen? Bleiben oder gehen? Die Frage taucht im Berufsleben immer wieder auf. Bisweilen muss man etwas loslassen, manchmal etwas aussitzen. Das klingt zunächst nicht erfolgsorientiert, kann aber vorübergehend die richtige Strategie sein, wenn die Karriere still steht, statt hektisch das erstbeste Headhunterangebot anzunehmen. Hinterfragen Sie unbedingt Ihre Motivation: Ein »Weg von« ist zu wenig, wenn der nächste Schuss sitzen soll. Denken Sie nach, wohin Sie wollen, was anders sein soll, beschäftigen Sie sich wieder einmal mit dem oben genannten Punkt »Klarheit«.

Karriere ist immer auch vom Scheitern bedroht Es ist ein feiner Unterschied, zu wissen, wann es Zeit ist, eine Sache (manchmal auch einen Menschen) loszulassen, oder beim ersten Gegenwind gleich aufzugeben. Ein zweiter oder dritter Anlauf ist keine Schande. Wenn A, B oder C nicht funktionieren, entwickeln Sie eine neue Strategie, fragen andere Menschen um Rat, suchen Gleichgesinnte, probieren etwas anderes aus, statt mehr vom selben zu tun. Hinfallen kann jeder, Aufstehen ist die Kunst. Schnurgerade Karrieren gibt es nicht. Auch Bilderbuchkarrieren bekommen ab und an Risse. Befragungen von Spitzenkräften belegen deutlich, dass Karrieremachen viel mit Durchhaltevermögen und Disziplin zu tun hat, damit, dranzubleiben, auch wenn es einmal nicht klappt wie erhofft. Oder um Demokrit (»*Mut steht am Anfang, Glück am Ende*«) zu paraphrasieren:

◆ **Durchstarten steht am Anfang, Durchhalten am Ende. Und dazwischen liegen jede Menge Durchbrüche und Durststrecken. Das ist der ganz normale Wahnsinn.**

IHR ÜBUNGSPLATZ:

Hier lasse ich nicht locker, sondern suche nach einer neuen Strategie, wie ich zum Ziel komme:

_____

_____

_____

Uff, haben Sie die Ärmel schon aufgekrempelt? Ja, sich dieses Aufstiegsspiel anzuschauen, anzueignen und – das ist das Wichtigste – es auszuhalten, macht Arbeit. Wenn Frauen es wollen. Wenn nicht, dann eben nicht! »Ich wünschte, ich könnte« reicht nicht. Genauso wenig wie: »Ich denke, ich würde können, wenn man mich ließe, wenn da die Männerrunden nicht wären.« »Nie wieder tue ich mir das an«, sollen auch schon Männer auf der Topetage gesagt und entnervt das Handtuch geworfen haben.

Aufstieg macht Arbeit

Management ist ein Spielfeld, auf dem Frauen hauptsächlich Männern begegnen, die sie nach ihren Maßstäben bewerten. Und nicht nur die, auch die Medien blicken erbarmungslos auf jeden Leader, beobachten

Die Maßstäbe im Management sind männlich

jedes Wort und jeden Patzer und posaunen ihn in die Welt hinaus. Erwarten Sie keinen Frauenbonus. Als der Versicherungskonzern Allianz erstmals eine Frau an die Unternehmensspitze holte, wurde per Pressemitteilung ausdrücklich betont, dass es bei der Besetzung keinen Frauenbonus gegeben habe, sondern rein nach Leistungskriterien entschieden worden sei. Ist es schon so weit gekommen, dass Unternehmen sich rechtfertigen müssen, wenn sie eine Frau auf eine Spitzenposition setzen? Der Quotendebatte sei Dank.

Soll man nun Frauen via Quote zum Vorstandsposten verhelfen? Oder sie dazu verdonnern? Würde eine Quote die männlichen Maßstäbe und Spielregeln automatisch außer Kraft setzen? Würde die Unternehmenswelt damit nicht nur bunter, sondern auch besser werden? Dazu mehr im nächsten Kapitel.

5. Die Frauenquote macht Furore

Die Talente sollen bald knapp werden und gemischte Teams besser sein, so lauten aktuell die beiden zentralen Botschaften auf jedem Personalkongress. Beide Probleme ließen sich mit Frauen lösen – leicht sogar, wie einige behaupten. Dass es nicht leicht ist, das wissen wir längst, und für die Abwesenheit von Frauen in Topmanagementteams lassen sich im Grunde keine neuen Aspekte mehr hinzufügen. Es ist alles erforscht, alles gesagt, alles geschrieben. Was es jetzt braucht, ist Mut zur Umsetzung. Von beiden Seiten. Von mutigen Männern und fähigen Frauen. Mit oder ohne Quote, fest oder freiwillig.

Talentmanagement à la Telekom

Wer hätte gedacht, dass gerade die gute alte Telekom der Männermehrheit im eigenen Management mit einer Quote zur Leibe rücken würde! So geschehen, wie allseits bekannt, im Frühjahr 2010, als mit viel Medientamtam verkündet wurde, dass bis Ende 2015 dreißig Prozent der mittleren und oberen Führungsjobs im Konzern mit Frauen besetzt werden sollen. Das ist ja mal ein Ziel! Man darf auf 2015 gespannt sein. Immerhin: 2012 sitzen bereits zwei Frauen im Telekom-Vorstand.

GUTER GEDANKE:

> *»Aber auch hier müssen wir klarstellen: Wir haben keine Besetzungs-, sondern eine Zielquote. Bis 2015 wollen wir in den mittleren und oberen Führungsebenen 30 Prozent Frauen haben. Es wird also nicht automatisch jede dritte Stelle mit einer Frau besetzt. Der oder die Beste bekommt den Job.«*
> **MECHTHILDE MAIER**[38], Leiterin Group Diversity Management, Deutsche Telekom AG

Berliner Quotenkampf Ich erinnere mich noch an die Reaktionen auf diese öffentliche Selbstverpflichtung: Von völlig überflüssig bis längst überfällig war da die Rede. Quote hin oder her, eins hat das Vorpreschen des ersten Dax-Konzerns bewirkt: Es ist Druck in die dahindümpelnde Gender-Frage gekommen. Und das ist gut so. Ob es das richtige Instrument ist, darüber lässt sich streiten, und das tun nicht nur Wirtschaft, Wissenschaft und Medien, sondern auch vier »Quotenfrauen« in Berlin. Die Männer im politischen Personal schweigen und schauen zu beim Quotenhickhack.

- *Bundeskanzlerin Angela Merkel* will der Wirtschaft noch einmal eine Chance geben, freiwillig die Anteile von Frauen in Führungspositionen zu verbessern.
- *Frauen- und Familienministerin Kristina Schröder* will eine flexible Quote, die nicht alle Unternehmen über einen Kamm schert.
- *Arbeitsministerin Ursula von der Leyen* will eine feste Frauenquote von 30 Prozent für Aufsichtsräte und Vorstände in den Dax-Konzernen.
- *Justizministerin Sabine Leutheusser-Schnarrenberger* setzt auf Selbstregulierung und sieht die Quote, vor allem eine starre, mit Skepsis.

Dazu kamen noch zwei »Quoten-Gipfel« mit den Dax-Personalvorständen, darunter drei Toppersonalerinnen, die allesamt angetreten waren, das Schlimmste – eine gesetzliche Einheitsquote, die Kontroll- und Vorstandsgremien erfasst – zu verhindern. Mission erfüllt.

»Wir halten nichts von einer gesetzlichen Quote«, sagte Siemens-Personalvorstand Brigitte Ederer in einem Gespräch mit der Nachrichtenagentur dpa[39]. *»Es geht um eine breite Förderung von Frauen. ... Was hat eine 30 Jahre alte, gut ausgebildete junge Frau davon, wenn wir eine Quote für den Aufsichtsrat oder den Vorstand beschließen?«*

Ein Argument, das meiner Ansicht nach zieht. Das Quotenmodell, das die Organisationsspitze angreift, ändert zunächst nichts an den mittleren Managementschichten. Ob die Politik gedanklich auf das Pferd setzt, dass ein, zwei Frauen auf Topebene (egal, ob mit oder ohne Quote) gleich das ganz große Rad drehen und den Laden umkrempeln und überall Frauen hochziehen, weiß ich nicht. Wenn, dann ist das eher wirtschaftsfremd. Und wenn es Berlin nicht schafft, bleibt noch Brüssel. EU-Justizkommissarin Viviane Reding drohte bereits mit einer Frauenquote auf europäischer Ebene.

Kann man die Sache noch ernst nehmen? Oder wird die fixe Quote zur fixen Idee von einigen wenigen, allen voran von Superleaderin von der Leyen, die klare Kante fahren will. Die junge Kontrahentin Kristina Schröder wird von den Quotenbefürwortern als butterweich hingestellt, weil sie weder Ja noch Nein sagt – wenn man so will, eher weiblich kommuniziert und kooperiert. Oder vielleicht doch zu jung und unerfahren ist? Dass es enorme Unterschiede zwischen Unternehmen und Branchen gibt, Modelabel und Maschinenbau ganz anders aufgestellt sind in Sachen weiblicher Managementnachwuchs, das muss man doch zur Kenntnis nehmen dürfen. Oder sich eingestehen, dass man hier gerade dabei ist, übers Ziel hinauszuschießen. Bleibt abzuwarten, was man im Berliner Quotenkampf noch alles auffahren wird.

Frauenquote: fix oder flexi

Viel Lärm und nichts

In der ganzen Quotendiskussion muss man sich verdeutlichen, von wie vielen Positionen wir hier sprechen. Grob gerechnet gibt es in den Dax-30-Konzernen 190 Vorstandspositionen. Dreißig Prozent davon sind 57 Spitzenjobs, von denen bereits zwölf mit Frauen besetzt sind, verbleiben 46. Dennoch: Die Zahl kann man drehen und wenden, wie man will, richtig mehr werden es nicht. Da kommt bei mir manchmal der Gedanke auf, ob wir nicht dringendere Probleme haben, ob wir das Thema nicht maßlos aufbauschen in Anbetracht der Tatsache, dass es tatsächlich nur einen verschwindend kleinen Kreis von Frauen betrifft. Wie wäre es stattdessen mit Altersquoten? Dann könnte ein

Rentenalter von 67 Jahren auch realisiert werden. Um nicht falsch verstanden zu werden, ich bin für Frauen an der Spitze und gut gemischte Topmanagementteams, aber man sollte die Anwesenheit von Frauen im Vorstand nicht als Allheilmittel mystifizieren. Oder so tun, als ob Männerrunden per se schlecht seien.

GUTER GEDANKE:

>*Ich denke nicht, dass sich die Unternehmen verändern, denn das, worauf es ankommt in einer Führungsposition, ist, Ergebnisse zu erzielen. Und das ist natürlich auch das, was Frauen tun müssen in einer Führungsposition. Und wenn Sie die vielen Unternehmerinnen in diesem Lande sehen, dann müssen die auch Ergebnisse für ihr Unternehmen einfahren, um zu existieren. Und das ist übrigens ein weiteres Argument gegen die Quote: Es gibt ja nicht nur angestellte Führungskräfte, sondern es gibt ja auch Unternehmer und Unternehmerinnen. Sollte man denn dann auch dafür eine Quote einführen, das heißt, Frauen zwingen, in die Unternehmerschaft, in die Selbstständigkeit zu gehen? Das ist ja wohl absurd!*«
SONJA BISCHOFF[40], BWL-Professorin

Der Mittelstand macht's vor

Vor allem die Dax-Konzerne scheinen einigen Damen ein Dorn im Auge zu sein. Ja, sie sind groß, sie sind international, sie sind männerdominiert. Aber was ist eigentlich mit unserem Mittelstand, der vielen als Herz der deutschen Wirtschaft gilt und trotzdem in der Öffentlichkeit oftmals wenig Beachtung findet? Die Commerzbank-Studie *Frauen und Männer an der Spitze: So führt der deutsche Mittelstand* macht deutlich, dass der Mittelstand schon jetzt einen besseren Job macht als die Großunternehmen. Beim Anteil von Frauen in Spitzenpositionen übertrifft er die Dax-Konzerne um ein Vielfaches. Auch beim größeren Mittelstand ist fast jede fünfte Führungskraft an der Spitze eine Frau. Und die wenigstens davon sind Töchter, Enkelinnen, Eigentümerinnen, sondern angestellte Managerinnen. Hinsichtlich der Aufgabenfelder unterscheidet sich der Mittelstand nicht von den Großunternehmen: Auch hier sind weibliche Führungskräfte besonders häufig zuständig für Personal. Wenn Frauen das doch wollen, was ist so schlimm daran? Die ersten fangen schon an, sich zu entschuldigen.

Eine Netzwerkbegegnung:
>> *Was machen Sie so?* <<
>> *Ich bin Abteilungsleiterin.* <<
>> *Toll! Und für welchen Bereich?* <<
>> *Nur für Personal.* <<
Haben wir sie noch alle?

Wer denkt, nur Männer störten sich an der Quote, irrt. Immer mehr Frauen und vor allem diejenigen, die selbst bereits in Toppositionen sind, halten die Absicht der Politik, eine gesetzliche 30-Prozent-Frauenvorstandsquote einzuführen, für unrealistisch und unternehmensfremd. Wenn ich mir anschaue, wer den Firmen eine gesetzliche Frauenquote aufbrummen will, dann sehe ich eine Menge Initiativen und Vereine außerhalb des Managementbetriebs, die sich die Frauenquote auf die Fahnen geschrieben haben, aber so gut wie keine weiblichen Topleader. Ist die Gefahr zu groß, sich öffentlich als »Quotenfrau« hinzustellen und am Ende leer auszugehen? Strategisch ein durchaus verständliches Verhalten. Welches Unternehmen will schon das Risiko einer Radikalkur eingehen? Wenn Spitzenmanagerinnen sich überhaupt dazu äußern, dann geht es immer um Talente, um volks- und betriebswirtschaftliche Folgen, um Wettbewerbsvorteile, um fachliche und persönliche Eignung, nicht ums Geschlecht.

Die Quote – für potenzielle »Quotenfrauen« eher peinlich

Da kann man doch einmal die Frage stellen, ob wir überhaupt eine Quote brauchen, wenn sie den potenziellen Topfrauen eigentlich peinlich ist. Zudem bin ich der Meinung, dass die Quote den Kampf um die Geschlechterverteilung in Spitzengremien eher anheizt statt abkühlt. Wenn man an zwischenmenschliche Beziehungsmuster denkt, und die schaltet im Beruf ja niemand ab, erzeugt Druck Gegendruck. Und was machen Menschen dann? Sie schalten auf stur, sie mauern, sie suchen Schlupflöcher, sie sabotieren oder lassen den anderen auflaufen.

Quoten – im Höchstfall für den Aufsichtsrat

Auch eine breit angelegte Befragung (siehe unter »Forschung & Fakten« am Ende des Kapitels) unter weiblichen und männlichen Führungskräften zeichnet dasselbe Bild: 84 Prozent der Frauen und 90 Prozent der Männer lehnen eine gesetzliche Regelung für den operativen Vorstandsbereich ab. Bei den Aufsichtsräten ist man aufgeschlossener – auf beiden Seiten: Gut die Hälfte (51 Prozent) der befragten Frauen befürwortet eine gesetzliche Regelung für die Aufsichtsräte, von den Männern stimmen immerhin noch fast ein Drittel (32 Prozent) zu. Nachdem mehrere Vereinigungen die Aufsichtsratsquote bisher vergeblich gefordert haben, hat sich Ende 2011 ein Frauenbündnis aller Parteien zusammengeschlossen, das im Internet Unterschriften für die Frauenkontrolle per Quote sammelt. Allerhand Prominenz aus Politik und Wirtschaft hat die sogenannte *Berliner Erklärung* bereits unterschrieben. Richtig groß rausgekommen ist man damit aber trotzdem nicht. Es ist und bleibt anscheinend ein Randthema, das die breite Öffentlichkeit nicht interessiert.

Lassen sich Topgremien nach Geschlecht sortieren? Kann man Unternehmen überhaupt gesetzlich vorschreiben, wie viele Frauen und Männer sie in ihren Spitzenpositionen beschäftigen? Muss sich nicht der Einzelne – ob Frau oder Mann – von alleine durchsetzen? Und macht man nicht auch den Frauen die Vorgabe, bis in den Vorstand aufzusteigen? Nach dem Motto: »Mädels, nun macht mal Karriere! Aber richtig!« Eine junge IT-Entwicklerin sagte mir, dass sie die Quote quasi als Zwang für Frauen empfinde, nun endlich die ganz große Karriere zu machen. Karrieredruck für alle? Auch wer mit einer Quote an die Spitze kommt, muss lernen, mit den strukturellen Gegebenheiten umzugehen. Die Quote ist ja kein roter Teppich, der für Frauen ausgerollt wird. Der Neuling-Bonus wird am zweiten Tag vorbei sein wie bei Männern. Bevor sich einige wenige aufschwingen, die »Frauen mitzunehmen«, sollten diese Damen vielleicht überlegen, ob die Frauen denn mitgenommen werden wollen.

Dennoch, die Diskussion hat etwas durchgerüttelt in den Dax-Konzernen, die ersten elf Frauen – wie vorne gesehen – sind da. Einige

Unternehmen haben sich freiwillig zu Zielanteilen ver-
pflichtet, wobei Ziele wie »*12 Prozent bis 2020*« alles
andere als inspirierend sind. Unter Zielformulierungsge-
sichtspunkten möchte man sagen: Das ist nicht gerade ein Ziel, das
Platz im Hirn kriegt – weder in der linken noch der rechten Hälfte –,
das Vorfreude weckt, mit dem man einen Wandel in der Gender-
Kultur einleiten kann. Überarbeiten! Trotzdem ist der Weg, sich als
Unternehmen eigene Vorgaben zu setzen, richtig und sinnvoll. Selbstverständlich sollen Ziele realistisch sein, aber auch ehrgeizig, davon
kann so mancher Vertriebler ein Lied singen. Wieso also nicht auch
bei den Frauenzielen etwas mehr Mut?

Freiwillig zu mehr Frauen in Führung

Neben dem Paradebeispiel Telekom machte auch die Deutsche Post
mit Frauenförderung auf sich aufmerksam, indem sie öffentlich ein-
räumte, dass man unbedingt eine Frau als Nachfolgerin für den schei-
denden Personalvorstand wollte. Zwei Kandidatinnen aus den eigenen Reihen fielen im Auswahlverfahren durch. Fündig wurde man
dann extern mit Angela Titzrath. Der Suchprozess soll sich mangels
Masse schwierig gestaltet haben. Ist der Markt für weibliche Perso-
nalvorstände schon leer gefegt? Und nicht nur die Post stöhnt, auch
viele Personaler, die derzeit gehalten sind, die Besetzungslisten mit
einem Drittel Frauen voll zu kriegen. »Woher sollen wir diese Rin-
geltauben nehmen?«, so eine befreundete Personalleiterin, die gerade
reichlich am Rotieren ist.

Wenn es um Frauenquoten geht, wird nach Norwegen
geguckt. Dort hat ein Mann, der damalige Wirtschafts-
minister Ansgar Gabrielsen, 2003 die Quote für börsennotierte Ak-
tiengesellschaften eingeführt und ihnen vorgeschrieben, ihre Verwal-
tungsräte bis Ende 2007 mit 40 Prozent Frauen zu besetzen. Sonst
drohten harte Sanktionen – bis zur Unternehmensliquidation. Wobei das norwegische *Board of Directors*-Modell nicht eins zu eins
mit dem dualen deutschen Modell der Trennung von Vorstand und
Aufsichtsrat vergleichbar ist. Der Weg über den Aufsichtsrat (der
den Vorstand bestellt) unterstellt, dass mehr Frauen in Aufsichtsräten dafür sorgen könnten, dass mehr Frauen in Vorstandspositionen

Die lieben Nachbarn

gelangen. Diese Theorie scheint fraglich, zumal die Gefahr besteht, dass bei einer Quote für die Aufsichtsräte Frauen aus der operativen Schiene in die Kontrollgremien gezogen werden – traditionell ein Tummelplatz für ehemalige Vorstände, auch wenn das Aktiengesetz seit 2010 den unmittelbaren Wechsel vom Vorstand in den Aufsichtsrat desselben Unternehmens für eine Karenzzeit von zwei Jahren ausgesetzt hat – und so erst recht keine Frauen an die operative Unternehmensspitze vorstoßen (eine Studie der *Board Academy* über Mandate, Alter, Geschlecht siehe unter »Forschung & Fakten« am Ende des Kapitels).

Auch in Norwegen ist nicht alles Gold, was glänzt oder als »Goldröcke« bezeichnet wird. So die charmante Formulierung für Frauen mit Mehrfachmandaten, zu denen es mangels Masse gekommen ist. Unter deutschen Männern ist das keine Seltenheit – denken Sie an Cromme, Schneider, Achleitner und andere Multimandatsträger. Legendär ist der Satz von Gerhard Cromme bei einem Frauen-Dinner zur Corporate Governance des Deutschen Juristinnenbundes: »*Wissen Sie, meine Damen, ein Aufsichtsrat ist kein Kaffeekränzchen.*« Einige Damen haben das Dinner daraufhin verlassen. Was hätten Sie getan? Ich tendiere zum Zurückschießen statt zum Zurückziehen. Schließlich zeigt so ein Satz auch, welches Geistes Kind jemand ist. »*Stimmt, eher ein Zigarrenclub mit viel Rauch um nichts.*« Zimperlich darf man nicht sein, wenn man in die Aufsichtsratsarena möchte.

Ernüchterung in Norwegen

Kurz zur norwegischen Bilanz: Die einen sind ernüchtert, denn in mehr weiblichen CEOs hat sich der Gesetzeszwang nicht niedergeschlagen, andere skeptisch. Denn nun säßen Frauen in den Ämtern, die für die Rolle nicht ausreichend qualifiziert seien. Nun, das soll bei Männern auch passieren und schließt ja nicht aus, dass die Frauen noch in ihre Aufgaben hineinwachsen. Oder man wartet ab und sagt, es sei noch zu früh für ein abschließendes Urteil. Eines scheint sich aber abzuzeichnen: Ein schnelles Erfolgsrezept ist auch die Quote nicht. Gemischte Gremien zu verlangen ist eine Sache, sie zu besetzen eine andere.

Dazu ein Auszug aus der *Kronberger Erklärung* – Handlungsempfeh-
lungen an die Wirtschaft von 60 Spitzenmanagerinnen der Initiative
Generation CEO aus dem Jahr 2010: »*Ein marktwirtschaftlicher
Ansatz gibt zwingend vor, dass der Kulturwandel parallel in Vorstand und Aufsichtsrat stattfinden muss. Wir glauben nicht an einen
konsekutiven Prozesserfolg. Das Beispiel Norwegen hat gezeigt, dass
ein hoher Frauenanteil im Aufsichtsrat keinen Kulturwandel im Vorstand nach sich zieht. Als erfahrene und erfolgreiche Managerinnen
sind wir gerne bereit, Verantwortung in Aufsichtsräten zu übernehmen, allerdings nicht um den Preis, dass uns die Vorstandsetagen
weiterhin verschlossen bleiben. Wir empfehlen der Wirtschaft, den
erforderlichen Kulturwandel nicht auf Aufsichtsfunktionen zu beschränken, sondern Frauen auch in operative Verantwortung zu berufen.*«

Die norwegischen Erfahrungen machen mehr als deut- **Symbolik von oben –**
lich, dass das Thema nicht nur von oben gelöst werden **Systematik von unten**
kann. Es braucht einen planvollen Aufbau von weib-
lichem Managementpotenzial in der Breite. Denn eines wird wohl
auch in zwanzig Jahren noch so sein: Es werden mehr Frauen auf
dem Weg an die Spitze verloren gehen als Männer. Aus anderer Perspektive gesehen, könnte man es auch so formulieren: Statt die Unternehmen zu verbessern, verlassen Frauen sie. Die Gründe – wie in
Kapitel 1 gesehen – sind hinreichend bekannt.

Von der Quote als Königsweg kann lange nicht die Rede sein, vielleicht wissen wir mehr, wenn weitere Länder damit Erfahrungen machen. Spanien, Frankreich, Niederlande haben entsprechende Gesetze
und Quoten verabschiedet – mit Zeithorizonten zwischen 2015 und
2017 für die Umsetzung. Auf Erfahrungswerte warten wir dann wohl
bis 2020. Suchen Sie lieber nach Alternativen. Die Chancen stehen
nicht schlecht. Die Studie *Aufsichtsräte deutscher Großunternehmen*
der Initiative *Board-Academy* macht deutlich, dass es in den Aufsichtsräten der verschiedenen Dax-Segmente in den nächsten Jahren
zu zahlreichen Neubesetzungen kommen wird. Dabei wird es in vielen Firmen auch um Frauen gehen – nur hoffentlich nicht nach der

Devise »Jetzt haben wir alles abgedeckt, jetzt brauchen wir noch eine Frau«, sondern weil die Frau genau das Erfahrungs- und Know-how-Paket mitbringt, das an der Stelle gebraucht wird. Es kann also nicht schaden, sich rechtzeitig in diese Richtung schlauzumachen, entsprechende Kontakte zu knüpfen, sich in Position und ins Gespräch bringen, wenn Sie Aufsichtsratsambitionen hegen. Viel Erfolg!

GUTER GEDANKE:

> *»Meine Vision wäre erfüllt, wenn wir auf Konzernleitungs-beziehungsweise Vorstandsebene in der Schweiz, Deutschland und Österreich einen Anteil von 20 Prozent Frauen erreichen. Schwedische Konzerne haben einen Anteil von 15 Prozent – damit wird klar, dass das Ziel ehrgeizig ausgelegt ist.«*
> **HEINER THORBORG**[41], Personalberater und Gründer der Initiative *Generation CEO*, die Frauen auf dem Weg an die Spitze fördert

Was kommt nach der Quote?

Einer meiner Lieblingsgedanken zur Quote, die ich – das haben Sie sicherlich schon zwischen den Zeilen herausgelesen – in der gesetzlichen (und nur in dieser) Form ablehne, ist: Was kommt nach einer gesetzlichen Zwangsquote? Bedeutet die Quote das Ende der Frauenförderung? Was passiert mit all den unternehmensinternen Förderprogrammen für Frauen? Oder mit den aus Steuergeldern geförderten Initiativen? Einstampfen?

Mir ist klar, dass ich mich auf dem dünnen Eis eines Denktabus bewege. Wenn man das Quotenthema zu Ende denkt, wäre es eigentlich konsequent, dass, wenn eine gesetzliche Quote kommt, Unternehmen (»Wieso sollen wir jetzt noch weitere Sonderprogramme für Frauen auflegen?«) und Bund (»Wieso soll ich das noch von meinen Steuergeldern finanzieren?«) jegliche Budgets für Frauenförderung streichen. Oder zumindest den Rotstift ansetzen. Keine hochkarätige Jahreskonferenz, keine gesponserten Netzwerkveranstaltungen, kein spezielles Mentoringprogramm mehr für den weiblichen Nachwuchs. Für völlig aus der Luft gegriffen halte ich den Gedanken nicht.

Zum Beispiel lehnt die internationale Gender-Expertin Avivah Wittenberg-Cox spezielle Förderprogramme für Frauen komplett ab und schlägt stattdessen vor[42]: »*Anstatt einer Frauenquote von 30 Prozent sollten Arbeitgeber anstreben, auf jeder Hierarchieebene mindestens 30 Prozent Frauen und 30 Prozent Männer zu beschäftigen.*« Ihr Credo ist Gleichbehandlung und Gender-Neutralität. Wenn sich die Instrumente für eine bessere Gender-Balance in den Unternehmen gleichermaßen an Frauen und Männer richteten, wäre die Akzeptanz auf beiden Seiten auch größer, so die Argumentation. Aha. Es geht nicht wirklich um den Verzicht auf Programme, sondern um andere Inhalte.

Was murmelte ein Kollege während des Vortrags: »Jetzt geht's den Männern an den Kragen.« Meine Erfahrung aus der Arbeit mit einigen Unternehmen: Die männlichen Teilnehmerzahlen lassen (noch) zu wünschen übrig. Zwingen kann sie schließlich keiner. Und wenn, dann ändert das auch nichts, wenn die innere Motivation fehlt, das Gehörte auch umzusetzen. Der Ansatz, es spiele weder eine Rolle, ob die Frauen wollen, noch, ob die Männer wollen, sondern nur, was die Unternehmen bräuchten, klingt gut, zwei Dinge fehlen hier aber. Erstens mikropolitisches Denken – Führungsprozesse finden nicht ohne Machtrahmen, ohne systemische Gegenspieler statt. Zweitens die Persönlichkeitsstruktur des Einzelnen. *Das* Unternehmen, das agiert, gibt es nicht, es sind die Menschen, die es führen, die dort arbeiten. In den Firmen braucht es Menschen und insbesondere Führungskräfte, die gezielt auf der Suche sind nach heterogenen Gruppenzusammensetzungen bis ins Topmanagement hinein.

Aus: Frauen in Führungspositionen: Barrieren und Brücken, BFSFJ, durchführendes Institut: Sinus Sociovision, Heidelberg 2010:

»Gerade weil eine *Kultur* (insbesondere wenn sie Tradition hat, wenn sie erfolgreich ist, wenn sie Mechanismen der eigenen Reproduktion und Ausschließung anderer hat) nur mit dem guten Willen der Einzelnen / des Einzelnen allein nicht zu verändern ist, glauben heute selbst die Frauen (und auch die Männer) in den Führungspositionen nicht, dass sich aufgrund des zunehmenden Bedarfs an besonders gut qualifizierten Führungskräften der Anteil von Frauen zeitnah von alleine (!) erhöhen wird.«

Trotz dieser Skepsis lehnt die Mehrzahl der befragten Führungskräfte – und zwar Männer und Frauen – eine Quotenregelung, insbesondere für den operativen Vorstandsbereich, ab.

Aus ebenda:

»Hier stimmen nur 16 Prozent der Frauen und 10 Prozent der Männer dem Vorschlag nach einem gesetzlichen Mindestanteil von Frauen in Führungspositionen zu. 84 Prozent der Frauen und 90 Prozent der Männer lehnen eine gesetzliche Regelung für einen Mindestanteil von Frauen in Führungspositionen für den operativen Bereich ab.«

Aus: Aufsichtsräte deutscher Großunternehmen, Board Academy – eine Initiative von Commerzbank, Steinbach & Partner, Deloitte, Seidenschwarz & Comp., Beiten Burkhardt, 2011:

»Die meisten deutschen Spitzen-Aufsichtsräte haben jeweils ein einziges Aufsichtsrats-Mandat (42 Prozent), ein weiteres Drittel ist in zwei bis drei Aufsichtsgremien tätig ... Festzustellen ist, dass etwa ein Drittel der analysierten Aufsichtsratsmitglieder mehr als vier Mandate bekleidet ...

Die deutschen Top-Aufsichtsräte sind derzeit ganz überwiegend zwischen 51 und 70 Jahre alt ... Die jüngsten Mandatsträger im Alter zwischen 31 und 40 Jahren sind die am schwächsten repräsentierte Altersgruppe ...

Nicht überraschend werden die deutschen Top-Aufsichtsräte ganz überwiegend durch Männer dominiert. Nur 12 Prozent der Mandatsträger sind weiblich ... Im Sinne der Vielfalt besteht auch hier deutlicher Nachholbedarf.«

6. Der Traum vom durchmischten Topmanagement

Bekanntlich beginnt selbst die längste Reise mit dem ersten Schritt, aber die letzten Meter sind meistens auch nicht ohne. Egal, ob auf dem Jakobsweg oder dem Karrieremarsch, der Schritt ins Topmanagement ist immer noch der schwierigste – für Männer und erst recht für Frauen. Das bestätigen auch *Deutschlands Chefinnen* in der gleichnamigen Umfrage der Beratungsfirma *Odgers Berndtson:* »*Die Hälfte der Befragten empfand den letzten Karriereschritt als schwieriger im Vergleich zu den vorherigen. Grund hierfür waren vor allem die Vorbehalte, mit denen Frauen an diesem Punkt ihrer Karriere konfrontiert wurden.*«

Männer im Win-lose-Zustand – Frauen im Lose-win-Zustand

Muster und Mentalitäten verändern sich nicht von heute auf morgen – weder bei den Männern noch bei den Frauen. Um langfristig eine Win-win-Situation zu schaffen und Synergieeffekte zu heben, müssten mehr Männer wegrücken vom »typisch« männlichen Win-lose-Denken, das unter Managern stark verbreitet ist. Die begrenzte Wahrnehmung, die aus dieser Ich-will-Gewinner-sein-Haltung resultiert, wird ignoriert, der Abteilungs- oder gar Unternehmenserfolg dem eigenen Erfolg untergeordnet. Umgekehrt bräuchten mehr Frauen Mut zur eigenen Meinung, zum eigenen Standpunkt. »Typisch« für Frauen ist eine Lose-win-Haltung, mit der ausschließlich Rücksicht genommen und sich an den Bedürfnissen anderer orientiert wird.

» *Frauen, die sagen, Frausein sei in der Arbeitswelt kein Thema, verstehe ich nicht. Man muss sich doch nur die Zahlen anschauen, um festzustellen, dass die Gleichberechtigung noch längst nicht da ist, wo sie sein müsste. Wir sind ja nur eine Handvoll. Ich fühle mich oft, als sei mein Arbeitsleben ein permanentes Sozialexperiment. Man hat ständig Situationen, die sonst niemand hat, weil es eben nur so wenige Frauen in Führungspositionen gibt.* «

KAREN HEUMANN[43], Vorstand Strategie, kempertrautmann

Versuchsgelände Vorstand

Zurzeit wird jede Frau, die einen Vorstandsposten ergattert, durchnummeriert. Aber auch jede Frau, die ausscheidet. Vor allem, wenn die Damen innerhalb des ersten Jahres ihren frisch eingenommenen Vorstandsposten quittieren. Das passiert Männern am laufenden Band. Jeden Tag berichten die Wirtschaftsmedien über irgendwelche Sesselwechsel. Jüngstes Beispiel nach Angelika Dammann ist Carla Kriwet, die nach nur einem Jahr als Vorstand für Vertrieb und Marketing bei den Lübecker Drägerwerken ihren Hut nimmt. Der Kommentar einer Journalistin: Sie habe wohl zu viel gewollt, sei selbst schuld, jetzt sei der Karrierefaden gerissen, aber mit der Abfindung könne sie sich ja jetzt erst mal um die drei Kinder kümmern, was sicherlich auch nicht schlecht sei. Sagen Sie mal: Geht's noch?

Was verlangt der Vorstandsbetrieb? Die Luft soll dünn sein in den oberen Regionen, der Gegenwind bläst einem kalt ins Gesicht, die Stakeholder sitzen einem im Nacken. Dass Frauen Vorstand können, da mache ich mir keine Sorgen, schon eher, ob so viele wollen. » 12- bis 14-Stunden-Tage, bin ich eigentlich verrückt? « Die zeitliche Dauerverfügbarkeit scheint nach wie vor (oder mehr denn je) das Eintrittsticket fürs höhere Management zu sein. Teilzeit auf dieser Ebene ist ein Tabu. » Vorstand, nein danke! «, das sagen nicht nur

Frauen, ich habe auch schon Männer erlebt, die den Schritt ins Topmanagement nicht machen wollten, die die nächste »Preisstufe« nicht zahlen wollten und das Angebot ausgeschlagen haben. Auch auf die Gefahr hin, kein zweites Mal gefragt zu werden.

GUTER GEDANKE:

> *»Einen Teilzeitvorstand kann ich mir auch nur schlecht vorstellen, aber in den Ebenen darunter hat sich viel verändert, nicht zuletzt durch die mobile und flexible Arbeitswelt.«*
> **MARTINA KOEDERITZ**[44], IBM Deutschland-Chefin

Nur wer sich krank fühlt, will gesund werden

Ist die Lage veränderbar? Wohin geht die Entwicklung oder sollte sie gehen? Auch wenn der Blick an die Spitze beliebt ist, so zeigt er nicht das ganze Bild. In der Breite hat sich viel getan in den letzten fünfzehn Jahren. War damals in den Großunternehmen nur jede zehnte Führungskraft weiblich, ist es heute jede fünfte (Hoppenstedt). Tendenz steigend. Da ich aufgehört habe, mich am Vorhersagespiel zu beteiligen, will ich an dieser Stelle nicht spekulieren, wie lange es noch dauern wird, bis diese Entwicklung oben ankommt. Dass sie ankommt, da bin ich mir sicher. Bei dem einen Unternehmen früher, bei dem anderen später. Bei dem einen mehr Frauen, bei dem anderen weniger. Der eine Patient will schneller gesund werden, der andere langsamer.

Schluss mit dem Gegeneinander!

Ich plädiere dafür, erstens endlich einen Schlussstrich zu ziehen unter die Diskussion »die bösen Männer« gegen »die armen Frauen«. Erst wenn es gelingt, die Diversity-Debatte auf Augenhöhe zu führen, kann ein Veränderungsklima entstehen. Zweitens dafür, an die Brechstange »Quote« einen Haken zu machen. In Change-Prozessen ist es wichtig, klug hervorzuheben, dass nicht alles verändert werden muss, dass es vieles gibt, was gut ist und beibehalten werden sollte. Stellen Sie sich vor, es käme jemand zu Ihnen nach Hause und sagte ohne Umschweife: »Die Möbel hier, die müssen raus.« Die Begeisterung möchte ich sehen. Veränderungsprozesse und vor allem die Leute, die diese anschieben, können auch scheitern, weil sie zu viel gewollt haben. Dann werden sie vom System fallen gelassen wie eine heiße Kartoffel. Für eine gemeinsame Kreuzigung reicht es immer!

GUTER GEDANKE:

> *» Männer in Führungspositionen leben allzu oft verhaftet in einer reinen Männerwelt mit zum Teil ziemlich antiquierten Verhaltensweisen und Sichtweisen und wollen diese nicht aufgeben. Warum sollten sie auch, denn sie selbst haben doch oft damit großen Erfolg. Oder zumindest haben sie das, was sie und ein Großteil der Gesellschaft als Erfolg definieren. Frauen müssen, um auch selbst in Führungspositionen erfolgreich sein zu können, die Verhaltensweisen der Männerwelt kennen und verstehen. Und dieses Verständnis ist oft auch Grundvoraussetzung, um überhaupt in eine Führungsposition zu gelangen, denn da sind meistens Männer die Alleinentscheider.*
>
> *Das heißt aber nicht, dass Frauen nun versuchen sollten, die besseren Männer zu sein. Vielmehr geht es hier um das Aufbrechen von Strukturen und darum, Werte und Verantwortung zu leben. Hier geht es um weniger ICH und mehr WIR! Denn das ist für den nachhaltigen Erfolg eines Unternehmens eine unabdingbare Voraussetzung und erleichtert zudem auch die Wahrnehmung von tagtäglicher Führungsverantwortung. Als HR-Führungskraft plädiere ich daher für mehr Transparenz und objektive Kriterien bei der Besetzungsauswahl. HR hat hier die wichtige Funktion, Vorbild zu sein und für einen Bewusstseinswandel in der Breite zu sorgen. «*

CHRISTA STIENEN, Head of Human Resources International in einem weltweit tätigen Pharmakonzern, Präsidiumsmitglied des BPM

Liegt es also an den Alten, an einer Truppe alter Männer, die Frauen das Leben schwer machen? Dann würde sich das Thema in den nächsten zehn Jahren auf natürliche Weise erledigen. Wobei die Heraufsetzung des Rentenalters dem entgegenwirken würde – was auch nicht wirklich stimmt, als Vorstand ist man rentenbefreit und viele Firmen haben sowieso Sondervereinbarungen: maximal bis 60! Das lässt hoffen, aber so einfach ist es nicht. Mag sein, dass bei älteren Männern häufiger ein altes Mental-Modell überkommener Vorstellungen von »geordneten Verhältnissen« anzutreffen ist, aber nicht nur bei denen. Auch jüngere Männer sind nicht unbedingt ein Garant für mehr Gender-Balance, nicht einmal amerikanische, wenn auch mit anderen Motiven. Facebook-Gründer Mark Zuckerberg (28) auf die Frage, warum bei Facebook nur Männer im Verwaltungsrat sitzen[45]: »*Ich interessiere mich für Leute, die Facebook weiterhelfen können, und es kümmert mich nicht besonders, welches Geschlecht sie haben. Ich hake bei Personalentscheidungen ja keine Checklisten ab.*«

Die Deutsche-Bank-Analystin Claire Schaffnit-Chatterjee kommt in Sachen *Gender-balanced Leadership* zu dem Schluss[46]: »*Genderbalanced Leadership bei Führungskräften: schwer umzusetzen, aber lohnend für Unternehmen, die sich einen Wettbewerbsvorteil erarbeiten wollen.*« Da haben wir ihn wieder, den alten Hut: Auch in der Frauenfrage, von der viele auch etwas erschöpft sind, haben wir kein Erkenntnisproblem, wir haben ein Umsetzungsproblem. Wie in so vielen komplexen und komplizierten Themen. Topkräfte, die ein Faible für Frauen haben, werden anfangen, zu optimieren, zu verändern, die Männer in den Unternehmen mitzunehmen und die fähigen Frauen, die wollen. Und die, die Frauen fürchten oder finden, dass sie die Kreise stören und im Vorstand nichts zu suchen haben, werden die Thematik weiter vor sich herschieben und notwendige Entscheidungsprozesse verschleppen. Denen eine Frau per Gesetzesquote aufs Auge zu drücken? Hallelujah! Manchmal denke ich, man sollte einen Versuchsballon steigen lassen und für die 30 Prozent potenzieller Vorstandsposten in den Dax-Firmen 90 Frauen und 90 Männer per Anzeige suchen und von einem breit gefächerten Auswahlkommitee (bitte rufen Sie mich an, wenn die Idee aufgegriffen wird) auf Herz und Nieren prüfen lassen. Dann wüssten wir endlich, ob genug Frauen wollen, die können. Na ja, vielleicht eine Schnapsidee, wobei ich beim Schreiben nicht trinke.

Frauen im Topmanagement bleiben
ein ungemütliches Thema

Bevor mir die Pferde durchgehen, ein Schlusswort: Für mich liegt der Schlüssel zu mehr Frauen in Topführungsgremien im Mental-Modell – im männlichen genauso wie im weiblichen, im gesellschaftlichen genauso wie im individuellen.

Wer den Auftrag bekommt oder sich nimmt, sich um eine neue Unternehmenskulturentwicklung zu kümmern, der sollte wissen: Auch als *Owner* von mehr *Mixed Leadership* lässt sich einer Organisation eine neue Vision von Führung, von Managementmischung nicht einfach überstülpen. Verkünden ist eine Sache, umsetzen eine andere. Bei der Prozedur ist mit Fortschritten und Rückschlägen zu rechnen, mit Phasen von Unsicherheit und Instabilität. Mit Durchhalten und neuen Anläufen. Wieso wir immer wieder neu ansetzen, hat auch damit zu tun, dass Wechsel in Spitzenpositionen stattfinden, ein neues Leadership-Team an Bord kommt, das die Prioritäten möglicherweise anders setzt, das das Thema Frauen auf der Topentscheiderebene nicht mit der gleichen Priorität und Intensität verfolgt. Prompt ist man wieder in der alten Schiene. Plötzlich stagniert der Frauenanteil oder fängt an zu sinken. Noch ist der männliche Managermarkt nicht leer gefegt. Die genaue Datenlage hierzu ist allerdings unsicher.

Der männliche Managermarkt ist noch nicht leer gefegt

Wir wissen es alle: Neue Wege zu gehen ist anstrengend und unsicher. Aber einmal einen unbekannten Pfad einzuschlagen, das kann das Leben umdrehen. Oder wie der amerikanische Dichter Robert Frost (sein bekanntestes Werk: *The Road not Taken*) es schön ausdrückte: »*Mut ist die menschliche Tugend, die am meisten zählt – der Mut, trotz begrenzten Wissens und ungenügender Beweise zu handeln. Denn mehr haben wir alle nicht.*« Auch heute nicht in Zeiten von Web 2.0, grenzenloser Vernetzung und unendlicher Datenflut. Ob etwas Neues gelingt, wissen wir erst hinterher.

The Road not Taken

Sie können alles beim Alten lassen oder sich bewegen. Sie entscheiden. Ich wünsche Ihnen allen viel Erfolg.

Bleiben Sie mutig und auf Augenhöhe!

Dank

Als Autorin bin ich Beobachterin und Sammlerin von Ereignissen und Erzählungen. Mein herzlicher Dank gilt allen Frauen und Männern, die direkt und indirekt an diesem Buch beteiligt waren, die es angeregt und unterstützt haben. Ganz besonders danke ich meinen Klientinnen und Klienten, mit denen ich immer wieder Erfahrungen und Erkenntnisse aus der Managementwelt sammeln und teilen darf. Einige werden sich an der einen oder anderen Stelle vielleicht wiedererkennen, natürlich in stark verfremdeter Form.

Ein besonderer Dank geht auch an das GABAL-Verlagsteam mit vielen tollen Frauen und vor allem an Ute Flockenhaus, die mich zum ersten Buch ermutigt hat und es auch jetzt wieder geschafft hat. Es war eine spannende Zeit mit Ups and Downs, mit langen Nächten und vielen Wochenenden, aber letztendlich hat es mir wieder sehr viel Freude gemacht, zahlreiches Material zu *meinem* Thema »Frauen in Führungspositionen« zu sammeln, zu lesen und zu verarbeiten, und hat mich persönlich und professionell weitergebracht.

Danke!

Barbara Schneider

Anmerkungen

1) Capital 10/2010
2) Women's Business Day, 17.02.2011
3) Eine Frage der Vernunft
4) Eine Frage der Vernunft
5) Menschen führen – Leben wecken
6) Deutschlandradio-Kultur, 17.10.2011
7) WELT am Sonntag, 18.9.2011
8) Powerfrauen
9) Die WELT, 26.07.2011
10) Hamburger Abendblatt, 10.11.2011
11) Frauen an der Macht
12) Hamburger Abendblatt, 21./22.02.2009
13) DIE ZEIT, 2.9.2010
14) Psychologie heute 9/11
15) www.fuersie.de
16) Hamburger Abendblatt, 02.07.2011
17) DIE ZEIT, 08.09.2011
18) Fleißige Frauen arbeiten, schlaue steigen auf
19) Eine Frage der Vernunft
20) Claudia Nemat, S. 59 Handelsblatt Sonderdruck, 5.7.2010
21) Frauen können alles – wären da nicht die Männer, 18.03.2010, DIE WELT
22) Pressemitteilung Bertelsmann AG, 05.12.2011
23) Was Sie hierher gebracht hat, wird Sie nicht weiterbringen
24) managerinnentalk.de
25) Frauenkarrieren in Unternehmen, Dokumentation der BMBF-Tagung vom 18./19.11.2011, Berlin

26) Süddeutsche Magazin; Heft 45/2011

27) manager magazin 9/2010

28) Female Leadership – Die Macht der Frauen

29) Eine Frage der Vernunft

30) Lufthansa Exclusive 1/2012

31) Female Leadership

32) Böser Filz, guter Filz, FACTS, 08.07.2004

33) LeadingWomen

34) Female Leadership

35) Fleißige Frauen arbeiten, schlaue steigen auf

36) manager magazin, 1/2012

37) LeadingWomen

38) taz, 30.10.2011

39) sueddeutsche.de, 17.10.2011

40) Deutschlandradio Kultur, 17.10.2011

41) WOMEN IN BUSINESS, September 2011

42) Pressemitteilung Zukunft Personal, 10. September 2010

43) Eine Frage der Vernunft

44) Handelsblatt, 16.06.2011

45) SZ-Magazin, Heft 45/2011

46) Auf dem Weg zu »gender balanced leadership«, Deutsche Bank
    Research, 11. Januar 2011

Literaturverzeichnis

Bertelsmann Stiftung, *Wege in die Vaterschaft: Vaterschaftskonzepte junger Männer.* Gütersloh, 2008

Birkenbihl, Vera F.: *Birkenbihl on Management: Irren ist menschlich – Managen auch.* Berlin: Ullstein Buchverlage, 2007

Brizandine, Louann: *Das weibliche Gehirn: Warum Frauen anders sind als Männer.* Hamburg: Hoffmann und Campe, 2007

Bryant, Adam: *The Corner Office. Indispensable and unexpected lessons from CEOs on how to lead and succed.* Times Books, 2011

Buckingham, Marcus/Clifton, Donald O.: *Entdecken Sie Ihre Stärken jetzt! Das Gallup-Prinzip für individuelle Entwicklung und erfolgreiche Führung.* Frankfurt: Campus 2007

Bundesministerium für Familie, Senioren, Frauen und Jugend/EWMD Deutschland e.V.: *Managerinnen 50plus – Karrierekorrekturen beruflich erfolgreicher Frauen in der Lebensmitte.* Berlin 2011

Decker, Dagmar: *KLASSE!* Hamburg: Murmann Verlag, 2009

Goldsmith, Marshall/Reiter, Mark: *Was Sie hierher gebracht hat, wird Sie nicht weiterbringen. Wie Erfolgreiche noch erfolgreicher werden.* München: Riemann Verlag, 2007

Grün, Anselm: *Menschen führen – Leben wecken.* München: Deutscher Taschenbuch Verlag, 2006

Illner, Maybritt (Hrsg.): *Frauen an der Macht.* Kreuzlingen/München: Heinrich Hugendubel Verlag, 2005

LeadingWomen (Hrsg.): *Mixed Leadership: Ziele und Erfolge 2011.* eBook, Hamburg: LeadingWomen, 2011

Ludwig, Claudia (Hrsg.): *Powerfrauen*. Hamburg: Classicus Verlag, 2011

Lünenborg, Margreth/Maier, Tanja: *Zur medialen Sichtbarkeit von wirtschaftlichen Spitzenkräften.* In: Frauenkarrieren in Unternehmen – Forschungsergebnisse und Handlungsoptionen, Dokumentation der BMBF-Tagung vom 18. bis 19. November 2010 in Berlin

Mai, Jochen: *Die Karrierebibel. Definitiv alles, was Sie für Ihren beruflichen Erfolg wissen müssen.* München: Deutscher Taschenbuch Verlag, 2008

Metz, Franz/Rinck, Elmar: *Transition Coaching. Führungswechsel meistern. Risiken erkennen. Businesserfolg sichern.* München: Carl Hanser Verlag, 2010

Plehwe, Kerstin: *Female Leadership. Die Macht der Frauen. Von den Erfolgreichsten der Welt lernen.* Hamburg: Hanseatic Lighthouse, 2011

Roser, Brigitte: *Das Ende der Ausreden. Was alles möglich wird, wenn wir nur wollen.* München: Diana Verlag, 2008

Schneider, Barbara: *Fleißige Frauen arbeiten, schlaue steigen auf. Wie Frauen in Führung gehen.* Offenbach: GABAL Verlag, 2009

Sprenger, Reinhard K.: *Mythos Motivation: Wege aus der Sackgasse.* Frankfurt/New York: Campus Verlag GmbH, 17. überarb. und erw. Auflage, 2002

Stevenson, Betsy/Wolfers, Justin: *The Paradox of Declining Female Happiness.* In: American Economic Journal, 2009, Vol. 1(2)

Thorborg, Heiner (Hrsg.): *Eine Frage der Vernunft.* Frankfurt: Generation CEO, 2010

Tracy, Brian: *Keine Ausreden*, Offenbach: GABAL Verlag, 2011

Wittenberg-Cox, Avivah/Maitland, Alison: *Why Women Mean Business.* Chichester, West Sussex: Wiley, 2009

Zucker, Betty: *Top Dreams. Wenn Manager träumen.* Wien: Linde Verlag, 2009

Stichwortverzeichnis

Über die Autorin

 **Dr. Barbara Schneider** coacht, berät, schreibt und spricht rund um die Themen »Frauen in Führungspositionen«, »Erfolgsstrategien für Frauen«, »Weibliche und männliche Kommunikationsmuster«. Bevor die promovierte Diplom-Kauffrau 2005 ihr eigenes Unternehmen *2Competence* in Hamburg gründete, war sie 15 Jahre im Management internationaler Großunternehmen tätig. Heute ist sie erfolgreich als Management-Coach für ein breites Spektrum von Unternehmen und Führungskräften im Dax und im Mittelstand tätig und arbeitet zudem für die Initiative *Generation CEO*, die weibliche Führungskräfte auf dem Sprung in Spitzenpositionen fördert. Sie hält Keynotes und Impulsvorträge auf Kongressen, Veranstaltungen, Unternehmensevents. Dabei verbindet die frühere Managerin langjähriges Erfahrungswissen mit wissenschaftlichen Erkenntnissen zu unterhaltsamen, fachlich fundierten Vorträgen. 2009 erschien ihr erstes Buch *Fleißige Frauen arbeiten, schlaue steigen auf – Wie Frauen in Führung gehen*, das zum Bestseller avancierte und es bis auf den chinesischen Markt schaffte.

Barbara Schneider im Web:
www.2competence.de
www.managerinnentalk.de

Management – fundiert und innovativ

Steve Kroeger
Die 7 Summits Strategie
ISBN 978-3-86936-229-8
€ 19,90 (D) / € 20,50 (A)

Markus Väth
**Feierabend hab ich,
wenn ich tot bin**
ISBN 978-3-86936-231-1
€ 19,90 (D) / € 20,50 (A)

David Allen
Ich schaff das!
ISBN 978-3-86936-178-9
€ 24,90 (D) / € 25,60 (A)

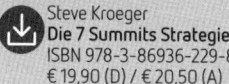

Brian Tracy
Keine Ausreden!
ISBN 978-3-86936-235-9
€ 29,90 (D) / € 30,80 (A)

Hans-Uwe L. Köhler
Die Perfekte Rede
ISBN 978-3-86936-228-1
€ 24,90 (D) / € 25,60 (A)

Svenja Hofert
Das Slow-Grow-Prinzip
ISBN 978-3-86936-236-6
€ 24,90 (D) / € 25,60 (A)

Andreas Buhr
Vertrieb geht heute anders
ISBN 978-3-86936-230-4
€ 29,90 (D) / € 30,80 (A)

Tom Peters
The Little Big Things
ISBN 978-3-86936-171-0
€ 29,90 (D) / € 30,80 (A)

Stefan Merath
**Die Kunst seine Kunden
zu Lieben**
ISBN 978-3-86936-176-5
€ 29,90 (D) / € 30,80 (A)

Weitere Informationen finden Sie unter www.gabal-verlag.de

Unsere Covey-Bestseller

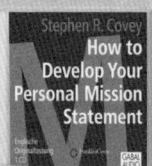

Business-Bücher für Erfolg und Karriere